W0040165

Stefanie Schneider · Petra Hitzig
Das Business-Gedächtnistraining

Stefanie Schneider · Petra Hitzig

Das Business-Gedächtnistraining

Merkstrategien für den beruflichen Erfolg

Namen, Zahlen, Termine, Fakten, Projektinfos
und Reden einfach im Kopf

Bibliografische Information der Deutschen Nationalbibliothek
Die Deutsche Nationalbibliothek verzeichnet diese Publikation in der Deutschen National-
bibliografie; detaillierte bibliografische Daten sind im Internet über http://dnb.ddb.de abrufbar.

ISBN 978-3-86910-767-7 (Print)
ISBN 978-3-86910-797-4 (PDF)

Die Autorinnen: Stefanie Schneider arbeitete nach ihrem betriebswirtschaftlichen Studium viele
Jahre im nationalen und internationalen Management. Seit einigen Jahren ist sie selbstständig tätig
als Gedächtnistrainerin, Strategieberaterin und Business Coach. Petra Hitzig ist Germanistin,
arbeitete lange als Personalleiterin und Projektmanagerin und ist mittlerweile als Autorin tätig.

Die Inhalte in diesem Buch wurden gewissenhaft recherchiert und entsprechen dem aktuellen
Wissens- und Forschungsstand. Sämtliche im Buch enthaltenen (Kurz-)Geschichten sind frei
erfunden und dienen lediglich der Umsetzung/Veranschaulichung der Merktechniken. Sie stellen
keine realen Handlungsanweisungen dar, das heißt diese Geschichten sind für eine bessere Vor-
stellungskraft und Gedächtnisleistung bestimmt. Daher sollten diese Szenen nicht im realen Leben
nachgespielt werden. Alle im Buch aufgeführten Personen, Unternehmen etc. sind frei erfunden.
Ausnahmen bilden genannte Marken bzw. Personen, die beim Leser als bekannt vorausgesetzt
werden und nur der Veranschaulichung dienen. Die in diesem Buch wiedergegebenen Firmen-,
Markennamen und Warenzeichen können auch ohne besondere Kennzeichnung geschützte
Namen oder Marken sein und sind Eigentum des jeweiligen Inhabers. Für eventuelle Nachteile
oder Schäden, die aus den im Buch gegebenen Tipps und Hinweisen resultieren, wird keine Haf-
tung übernommen.

Originalausgabe

© 2011 humboldt
Eine Marke der Schlüterschen Verlagsgesellschaft mbH & Co. KG,
Hans-Böckler-Allee 7, 30173 Hannover
www.schluetersche.de
www.humboldt.de

Covergestaltung: DSP Zeitgeist GmbH, Ettlingen
Innengestaltung: akuSatz Andrea Kunkel, Stuttgart
Titelfoto: Matton Images/Radius Images
Illustrationen: Michael Fröhlich, Hannover
Satz: PER Medien+Marketing GmbH, Braunschweig
Druck: Grafisches Centrum Cuno GmbH & Co. KG, Calbe

Hergestellt in Deutschland.
Gedruckt auf Papier aus nachhaltiger Forstwirtschaft.

Inhalt

Vorwort 10

Einleitung – Was uns Gedächtnistraining bringt 12

Unser Gedächtnis – Elektrische Impulse, Bilder und Co. . 14
Was unser Gehirn so besonders macht 14
Ein Gedächtnismodell –
Von der Wahrnehmung zur Langzeitspeicherung 18
   Der sensorische Speicher 18
   Übung: Mit allen Sinnen Details wahrnehmen und behalten . . . 19
   Das Kurzzeitgedächtnis: Größere Informationseinheiten
   für mehr Leistung 21
   Ab ins Langzeitgedächtnis! Welche Informationen dürfen bleiben? 22

Mnemotechniken –
Sichere Methoden zur Gedächtnissteigerung 24
Grundlagen zur Gedächtnisoptimierung 25
   Erste Schritte: Die Kollegen auf der Tastatur –
   Zwei Dinge merkwürdig miteinander verknüpfen 27
   Übung: Was fehlt? 30
Mit der Geschichte-Methode verschiedenste Aufgaben sofort merken 33
   Beispiel: Die spontane Aufgabenliste 34
   Übung: Ich packe für meine Geschäftsreise 36
Von der Argumentationskette bis zur freien Rede – Nichts auslassen
dank Loci-Methode 38
   Einsatzmöglichkeiten und Herkunft der Loci-Methode 38
   Beispiel: Sicherheit im Mitarbeitergespräch –
   Gesprächsstichpunkte auf der Körperroute 40
   Tipps für optimale Routen 43
   Beispiel: Die tägliche Aufgabenliste – Raumrouten im Büro 47
   Übung: Verkaufsargumente ablegen und abrufen 48
   Weiterführende Anwendungsgebiete der Loci-Methode 53

Namen und Gesichter merken 54
   Regeln beim Kennenlernen – Genau hinhören, genau hinsehen . . 54
   Übung: Aus Namen werden Bilder 58
Einfache Zahlen und Ziffern merken 64
   Die wichtigsten Zahlen stets parat 64
   Übung: Ihre persönlichen Wichtig-Zahlen 69
Die Kür: Alle Zahlen im Kopf mit dem Mastersystem 71
   Die Entwicklung des Konsonanten-Codes 72
   Die Erstellung von Masterbegriffen 76
   Übung: Masterbegriffe selbst erstellen 79
   Masterbegriffe von 0 bis 99 80
   Übung: Begriffe dechiffrieren 86
   Wie nutze ich das Mastersystem? 87
   Übung: Kennzahlen für Wertpapiere auswendig wissen 88
   Übung: Die wichtigsten Termine des Monats 92
Vokabeln und Fremdwörter kreativ lernen und abspeichern 95
   Vom Hören und Verknüpfen 96
   Übung: Lateinische Begriffe 97
   Beispiel: Fremdwörter 99

Weitere Praxisbeispiele aus dem beruflichen Alltag 100
   Eine Rede ohne Spickzettel halten 101
   Bewusstes Zuhören im Verkaufsgespräch 106
   Termine im Kopf 109
   Ausgefallene Kennwörter merken 112
   Den Ablaufplan für eine Tagung parat haben 115
   Netzwerktreffen – Die wichtigsten Kontakte speichern 119
   Der perfekte Veranstaltungsüberblick – Was finde ich wo? 125
   Stichpunkte merken für das nächste Abteilungsmeeting 128
   Wirksame Gedächtnisprotokolle nach Kundenveranstaltungen . . 131
   Kompetent im neuen Fachgebiet – Fremdwörter schnell verfügbar 133
   Perfekter Service – Kundenwünsche speichern 135
   Fristen merken mit System 139
   Sicherheit im Smalltalk I – Gut informiert und auf dem neusten
   Stand 140

Sicherheit im Smalltalk II – Wichtige historische Daten 142

Sicherheit im Smalltalk III – Wichtige Orte oder Fakten 146

Markante Stichpunkte aus Biografien speichern 147

Vokabeln in Englisch, Französisch oder Italienisch 152

Texte und Informationen – Schneller Überblick für den Chef . . . 154

Keine Unsicherheit im neuen Job – Die Namen und Positionen
der zukünftigen Kollegen 160

Adäquat auf neue Informationen reagieren können 163

Gedächtnisorganisation – Mit freiem Kopf mehr Leistung 166

Habe ich den Kopierer ausgemacht? – Aufmerksamkeit
bewusst steuern 166

Genießen Sie Stress und vermeiden Sie Stress 167

Den Tag planen und trotzdem spontan bleiben 169

Gegen die Aufschieberitis 171

Multitasking – Mythos und Wahrheit 174

Konzentration lässt sich steigern 175

DAS muss ich mir NICHT merken 180

Mind Mapping – Die etwas andere Gedankenordnung 180

Bonus: Die kleinen Tricks der geistigen Fitness 182

Ausblick 189

Anhang 190

Anmerkungen 190

Literatur 193

Weitere Literatur und Links 196

Tabellen und Routen 198

Lösungen 213

Register 215

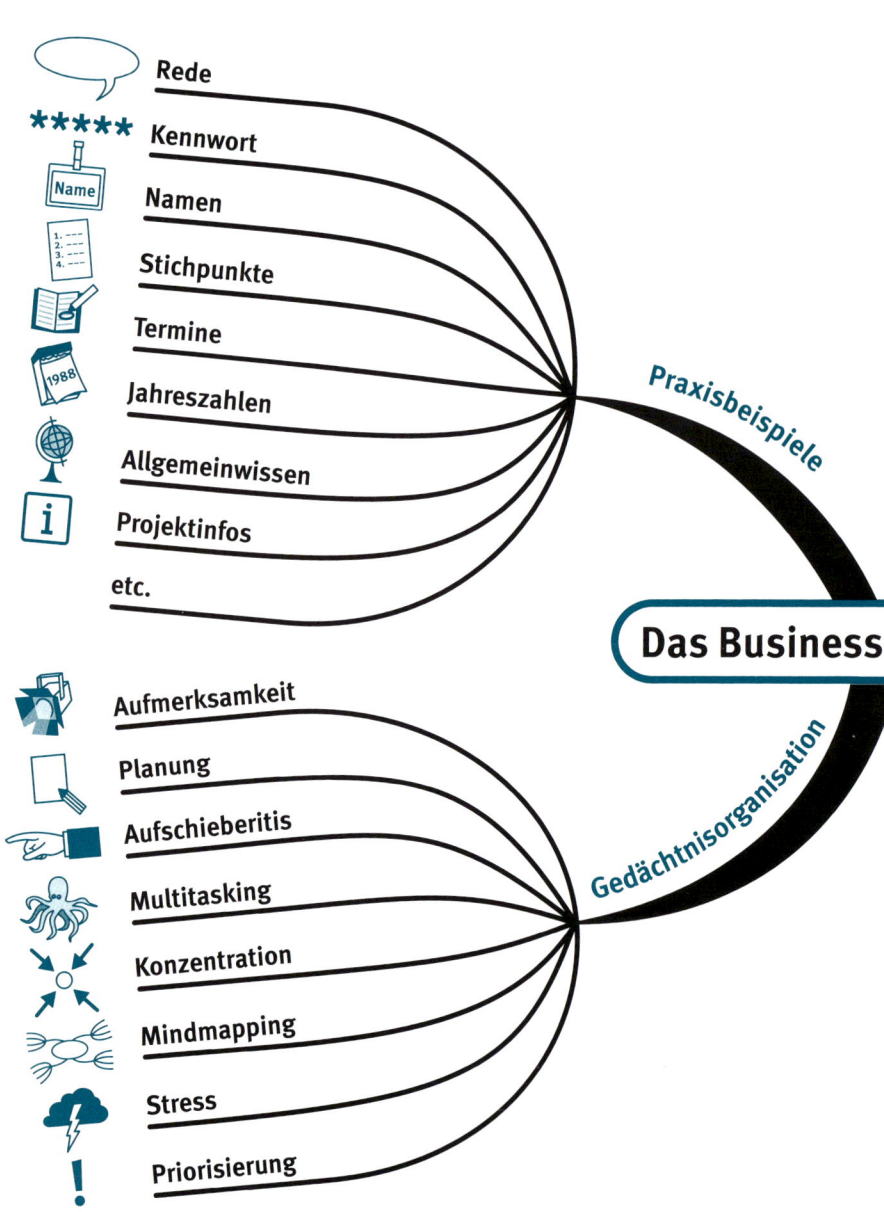

Rede
Kennwort
Namen
Stichpunkte
Termine
Jahreszahlen
Allgemeinwissen
Projektinfos
etc.

Praxisbeispiele

Das Business-

Aufmerksamkeit
Planung
Aufschieberitis
Multitasking
Konzentration
Mindmapping
Stress
Priorisierung

Gedächtnisorganisation

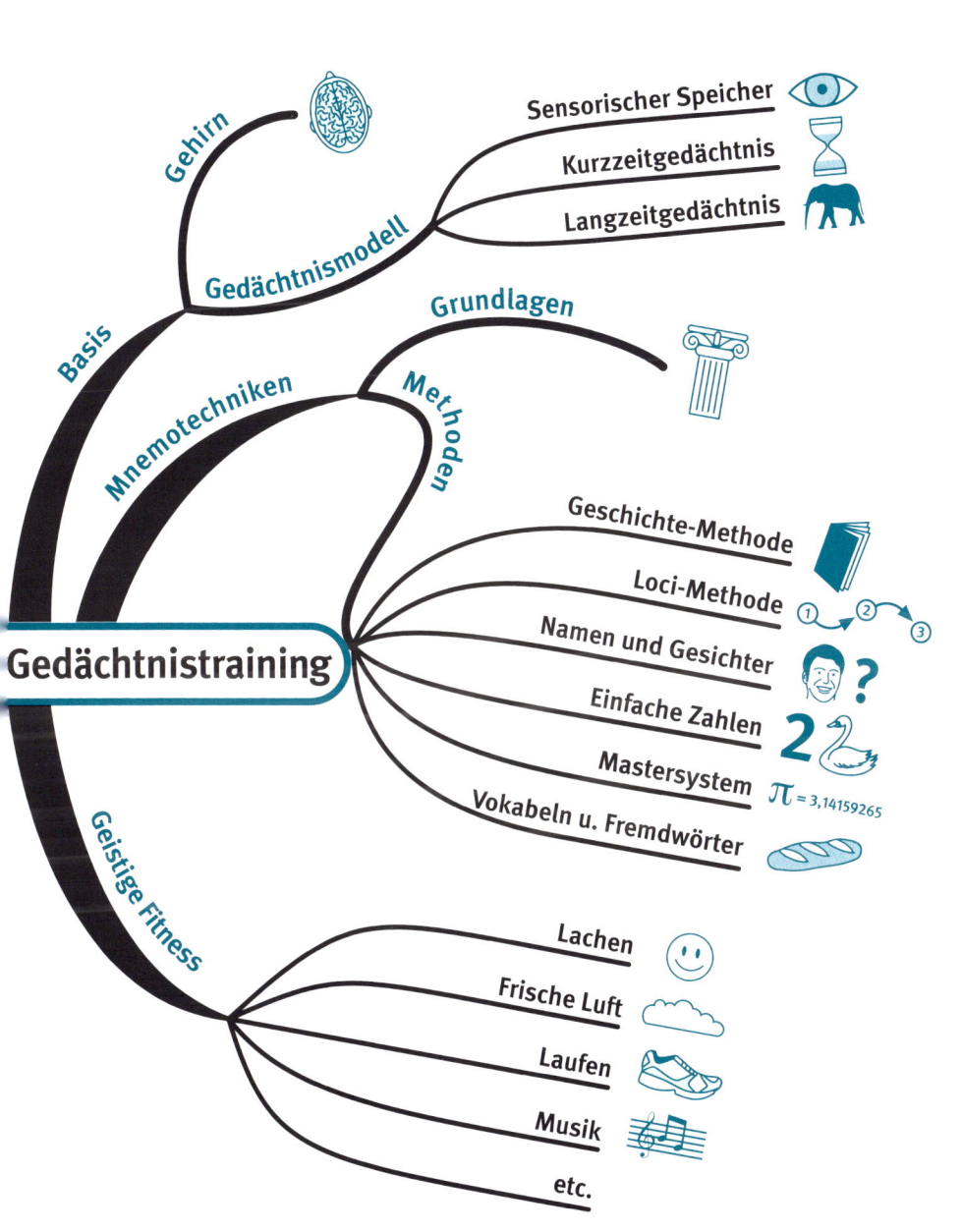

Gehirn

Sensorischer Speicher

Kurzzeitgedächtnis

Langzeitgedächtnis

Gedächtnismodell

Basis

Grundlagen

Mnemotechniken

Methoden

Geschichte-Methode

Loci-Methode

Namen und Gesichter

Einfache Zahlen

Mastersystem

π = 3,14159265

Vokabeln u. Fremdwörter

Gedächtnistraining

Geistige Fitness

Lachen

Frische Luft

Laufen

Musik

etc.

Vorwort

Liebe Leserin, lieber Leser,

„Gedächtnistraining – wozu braucht man das denn? Ist das nicht nur für Zahlen-Freaks?"

Diese und ähnliche Fragen sind oft die Reaktionen darauf, wenn wir berichten, dass wir uns intensiv mit dem Thema Gedächtnistraining beschäftigen. Viele der Fragenden vermuten, dass Gedächtnistraining ausschließlich ein Thema für *Wetten, dass ...?*-Kandidaten, die ältere Generation oder allenfalls Schulkinder sei. Wenige können sich vorstellen, dass Gedächtnistraining im täglichen Berufsleben äußerst nützlich ist und nicht zuletzt ein effizienteres Arbeiten gewährleistet.

Der Nutzen von Gedächtnistraining ist keinesfalls eine Frage des Alters! Unabhängig davon, ob Sie gerade von der Schule oder vom Studium ins Berufsleben starten, bereits 29 Jahre in Ihrem Job tätig sind oder nach Ihrem Eintritt ins Rentnerleben als freie Beraterin oder Berater tätig werden: In jeder Phase Ihres Lebens können Sie Ihre Merkfähigkeit deutlich steigern. Mit der Anwendung von effektiven Merktechniken aus dem Gedächtnistraining können Sie sich Namen und Gesichter, Termine, Vorträge und vieles mehr aneignen und langfristig in Ihrem Gedächtnis abspeichern. Und – was besonders wichtig ist – auch direkt wieder abrufen, wenn die Informationen von Ihnen gebraucht werden.

In unserem Buch haben wir die wesentlichen Merkstrategien für Sie zusammengestellt und möchten Ihnen – auch anhand vieler Praxisbeispiele aus den unterschiedlichsten Bereichen des Berufslebens – zeigen, dass Gedächtnistraining funktioniert und vielseitig im Job einsetzbar ist. Lassen Sie sich überraschen!

Eine Bemerkung am Rande: Zwar wurde das Buch von uns – Gedächtnistrainerin und begeisterte Anwenderin – gemeinsam verfasst. Da jedoch viele Erfahrungen aus den Seminaren direkt in den Text eingeflossen sind, haben wir uns für die Ich-Form statt der Wir-Form entschieden.

Wir wünschen Ihnen viel Spaß bei der folgenden Lektüre und viel Erfolg beim Trainieren Ihres Gehirns!

Ihre
Stefanie Schneider und Petra Hitzig

Einleitung – Was uns Gedächtnistraining bringt

Wenn man an den beruflichen Erfolg denkt, an Fähigkeiten und Eigenschaften, die die eigene Karriere voranbringen, dann hat man vermutlich nicht sofort Gedächtnistraining im Sinn. Wozu braucht man denn in Zeiten von Computern, Laptops, Handys, USB-Sticks und sonstigen Speicher- und Kommunikationsmitteln noch ein gutes Gedächtnis? Schließlich müssen wir uns keine Telefonnummern mehr merken und kommen über das Internet ohnehin schnell zu allen möglichen gewünschten Informationen.

Sicher, das ist die eine Seite – wir verfügen heutzutage über eine Menge Möglichkeiten, uns Dinge nicht merken zu müssen. Auf der anderen Seite – und das wissen gerade die Menschen, die bereits seit einigen Jahren im Berufsleben stehen – gibt es immer wieder Situationen, in denen uns nichts weniger professionell aussehen lässt als ein verzweifeltes Kramen nach dem Notizbuch oder ein hastiges Durchsuchen aller möglichen Datenbanken. Wenn wir Fragen nach Preisen, Umsatzzahlen oder Produktionsverläufen nicht ad hoc beantworten können, wenn wir unseren Vortrag auf der Fachkonferenz wortwörtlich ablesen müssen, wenn wir uns partout den Namen unseres Kunden nicht merken können – wirkt das wirklich souverän und überzeugend?

Es gibt im beruflichen Alltag unzählige Situationen, in denen es wichtig ist, sich auf das eigene Gedächtnis verlassen zu können. Angefangen vom Bewerbungs- oder Mitarbeitergespräch bis zu Kundenveranstaltungen und Reden vor einem größeren Publikum – ein gutes Gedächtnis kann uns den entscheidenden Vorteil sichern. Und das ist keine Zauberei oder allein von der Veranlagung geprägt: Sie werden beim Durchlesen und Durcharbeiten des vorliegenden Buches selbst bemerken, wie Sie Dinge aufmerksamer und effizienter wahrnehmen. Sie werden wieder Sinne und Fähigkeiten benutzen, die Sie vermutlich lange nicht mehr so bewusst angewandt haben und nur zu reaktivieren brauchen. Ich erlebe in meinen Seminaren immer wieder, wie erstaunt meine Teilnehmer darüber sind, wie leicht sich Dinge merken lassen, wenn man nur weiß, wie es geht. Wenn Sie Ihr Gedächtnis dann noch gut organisieren und managen, können Sie Ihre geistige Leistungsfähigkeit um ein Vielfaches erhöhen.

Ich möchte Ihnen mit dem folgenden Buch die wichtigsten Merkmethoden und -strategien erläutern, häufige Anwendungssituationen im Beruf vorstellen und Ihnen so ermöglichen, Ihre persönlichen Herausforderungen an Ihr Gedächtnis souverän zu meistern. Eine kurze Erklärung zum Gedächtnis und zum Gehirn sowie Vorschläge für eine optimierte Gedächtnisorganisation und abschließende Tipps für den Alltag werden Sie verstehen lassen, warum diese Methoden funktionieren und wie man sein Gehirn bei den Herausforderungen im Berufsalltag nachhaltig unterstützen kann.

Unser Gedächtnis – Elektrische Impulse, Bilder und Co.

Was unser Gehirn so besonders macht

Bevor wir uns den Merktechniken widmen, möchte ich kurz Ihre Aufmerksamkeit auf das Arbeitsgerät lenken, das wir mit den folgenden Seiten auf Hochtouren bringen werden: Ihr eigenes Gehirn. Zunächst sei Ihnen versichert, dass Sie damit ein großartiges und extrem ausgefeiltes und hoch anspruchsvolles einmaliges Instrument nutzen. Mit einem Gewicht von ungefähr 1,4 kg und einem Energieverbrauch von 20 % der gesamten Nahrungszufuhr[1] ist das Gehirn zwar nicht das schwerste Organ unseres Körpers, mit Sicherheit jedoch das anspruchsvollste und komplexeste. Die Erforschung des Gehirns ist in den letzten Jahren deutlich vorangeschritten. Dank neuer bildgebender Verfahren ist es möglich, dem menschlichen Gehirn sozusagen beim Denken zuzuschauen.[2] Viele Fragen konnten dadurch beantwortet werden, einige frühere Annahmen erwiesen sich als falsch, und es bleiben noch sehr viele Aspekte zu entdecken.

Eines der wichtigsten Ergebnisse stellt die Erkenntnis dar, dass das Gehirn im Laufe des Lebens viel leistungsfähiger bleibt, als bislang angenommen wurde. Der Satz „Was Hänschen nicht lernt, lernt Hans nimmermehr" und die feste Überzeugung, dass das Gehirn – einmal vollständig entwickelt – eigentlich nur noch abbaut, gehören in die Mottenkiste, denn heute weiß man, dass das Gehirn die Fähigkeit besitzt, sich ständig an die verschiedensten Anforderungen anzupassen.[3] Diese Fähigkeit wird als Plastizität bezeichnet und sie bildet unter anderem die Basis für das Lernen.[4]

Zudem lassen sich mittlerweile einzelnen Gehirnarealen Funktionen zuordnen. Zwar kann dadurch keine allgemeingültige exakte „Landkarte"[5] der vielfältigen Fähigkeiten des menschlichen Gehirns erstellt werden, doch weiß man, welche Bereiche durch spezielle Reize angesprochen werden und wie sich das Gehirn anpassen kann, wenn verschiedene Areale zum Beispiel durch einen Unfall verletzt wurden.[6]

Dass das Gehirn aus zwei Hemisphären besteht, die hauptsächlich durch einen Balken, den Corpus callosum, miteinander verbunden sind, ist lange bekannt. Man weiß auch, dass diese beiden Hemisphären sich ständig austauschen und bei nahezu jeder Aufgabe gemeinsam aktiv sind.[7] Von den ehemals sehr populären Vorstellungen, dass in der einen Hemisphäre ausschließlich die Emotionen, in der anderen die Logik verarbeitet wird, dass es „rechts- und linkshirnige" Menschen gibt oder – noch extremer – dass Frauen hauptsächlich die eine und Männer die andere Hemisphäre benutzen, ist man mittlerweile abgekommen.

Zwar stimmt es, dass weibliche und männliche Gehirne sich anatomisch voneinander unterscheiden, und auch, dass bei bestimmten Aufgabenstellungen verschiedene Gehirnareale aktiviert werden[8] – für das Ergebnis bleibt dies jedoch relativ unerheblich: Der Mensch denkt, lernt und löst Probleme mit seinem Gehirn, und zwar vorzugsweise mit beiden Hemisphären.

Und was passiert im Gehirn? Dort befinden sich – grob geschätzt – 100 Milliarden bis zu 1 Billion[9] Nervenzellen. Diese Nervenzellen, auch Neuronen genannt, können miteinander Verbindungen eingehen, und zwar sehr viele – jede Nervenzelle bis zu mehreren tausend. Um Ihr Vorstellungsvermögen ein bisschen herauszufordern: Die Anzahl der Verbindungsmöglichkeiten im menschlichen Gehirn ist größer als – wiederum grob geschätzt – die Anzahl der Atome im derzeit bekannten Universum.[10]

Neuronen bei der Arbeit – ein Modell

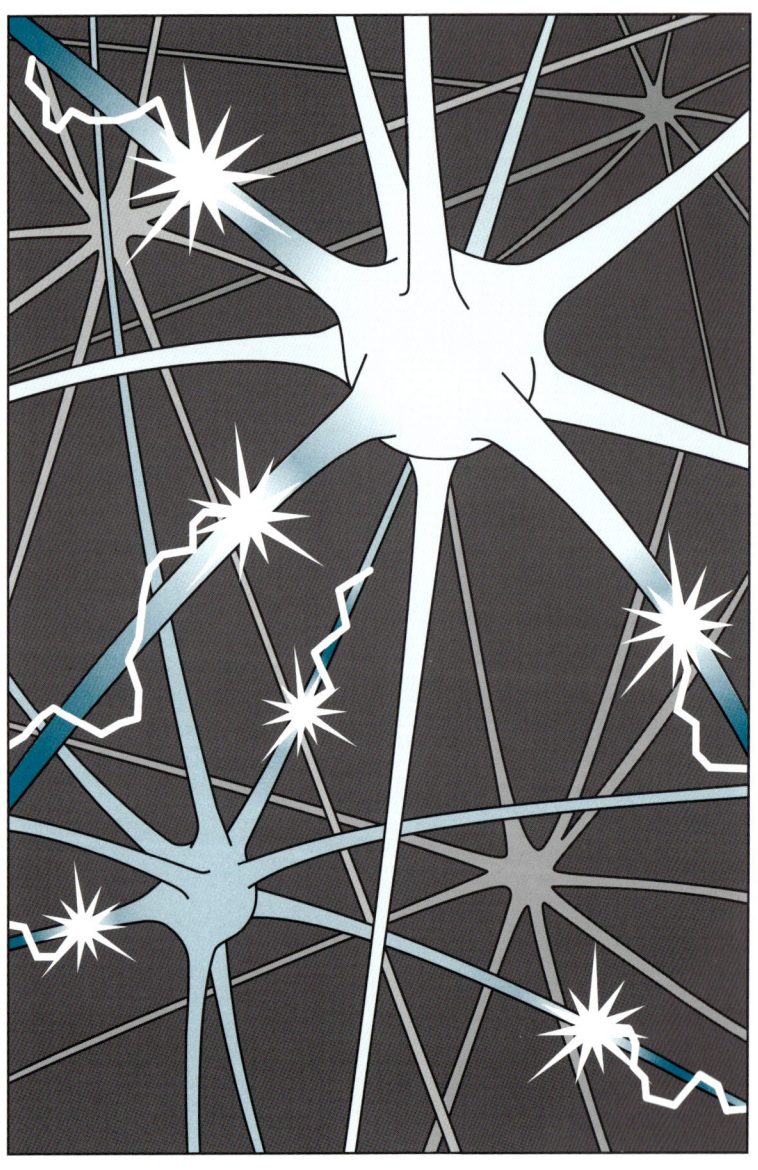

Wir haben rein anatomisch gesehen alle Möglichkeiten, jederzeit etwas Neues zu lernen. Die Fähigkeit, miteinander Verbindungen einzugehen, welche durch weitere Benutzung noch verstärkt werden, bleibt den Nervenzellen nämlich in der Regel erhalten. Und genau diese Fähigkeit benötigen wir fürs Lernen. Beim Lernen wird meist Bekanntes mit etwas Unbekanntem verbunden. Das heißt, wir erhalten eine neue Information und versuchen sofort, diese mit etwas in Verbindung zu bringen, was wir schon kennen: Berichtet uns jemand, er habe eine *Kumquat* gegessen, können wir damit vielleicht zunächst nichts anfangen – wir wissen nur, es ist etwas Essbares. Wenn derjenige jetzt erzählt, dass es sich dabei um pflaumenförmiges Obst handelt, welches auch als Zwergorange bezeichnet wird, dann haben wir schon eine recht genaue Vorstellung, weil wir Pflaumen, Orangen – und allgemein Obst – natürlich schon kennen. Nun können wir die Frucht noch probieren und nachlesen, dass sie ursprünglich aus Asien stammt, und schon wurde unsere Liste der exotischen Früchte erweitert.

Je mehr wir bereits wissen, desto besser lassen sich weitere Informationen diesem Wissen hinzufügen. Dies erklärt, warum es uns auch im hohen Alter leichtfallen kann, Neues zu erlernen, sofern unser Gehirn regelmäßig herausgefordert wird: Unser Erfahrungsschatz ist hoch, wir können Dinge leicht in Zusammenhang bringen und auf ein großes Netzwerk in unserem Gehirn zugreifen.

Damit soll es schon genug der Anatomie gewesen sein – der genaue Aufbau des Gehirns spielt für das Gedächtnistraining ohnehin nur eine untergeordnete Rolle. Wichtig ist, dass wir uns der Großartigkeit unseres Gehirns bewusst sind.

Wenn wir nun noch die Grundfunktionsweise unseres Gedächtnisses verstehen, lässt sich leicht erkennen, warum Gedächtnistraining funktioniert.

Ein Gedächtnismodell – Von der Wahrnehmung zur Langzeitspeicherung

Der sensorische Speicher

Obwohl wir es selbst überhaupt nicht bemerken: Eine unvorstellbare Menge von Informationen prasselt permanent auf uns ein. Sie gelangt über die verschiedenen Sinnesorgane in unser Gehirn. In dem zeitlichen Modell des Gedächtnisses spricht man von dem Ort, an dem diese Informationen zunächst landen als dem so genannten sensorischen Speicher. Hier verbleiben sie allerdings nur für den Bruchteil von Sekunden.[11]

Die meisten Informationen wandern von dort aus direkt wieder ins sprichwörtliche Nirwana – das heißt, das meiste wird vom Gehirn aussortiert und wieder vergessen. Einige Informationen werden jedoch ins Kurzzeitgedächtnis übertragen, wo sie zunächst eine kleine Zeitspanne über verfügbar sind, andere gelangen direkt ins Langzeitgedächtnis.[12] Welche Informationen wir wahrnehmen, ist unter anderem von dem eigenen Interesse, der persönlichen Erfahrung, der Aufmerksamkeit und der Erwartungshaltung abhängig: Was sehen wir, was riechen wir, was hören wir, …?

Wir filtern unbewusst: Gehen wir hungrig durch die Straßen, fallen uns vermutlich überall Essensgerüche, Restaurantwerbung und Imbissbuden auf. Habe ich mich gerade für den Kauf eines bestimmten Handys entschieden, werde ich auf der Straße plötzlich viele Personen entdecken, die genau mit diesem Handy telefonieren. Und in der aktuellen Tageszeitung fällt mir jetzt zum ersten Mal die große Werbeaktion des betreffenden Herstellers auf.

Unsere Sinne sind also die „ersten" Informationsempfänger und wir sollten uns ihrer Rolle und Relevanz bewusst sein.

Übung: Mit allen Sinnen Details wahrnehmen und behalten

Jetzt möchte ich Sie einladen, einer kleinen Geschichte zu folgen. Vielleicht lassen Sie sich die nachstehenden Zeilen einfach vorlesen oder lesen Sie ganz entspannt selbst. Erleben Sie die Geschichte mit allen fünf Sinnen: Hören Sie, fühlen Sie, sehen Sie, riechen Sie, schmecken Sie! Wenn Sie alle Sinne bei dieser Geschichte einsetzen, wird es Ihnen leichtfallen, sich bei den anschließenden Fragen an Details zu erinnern. Versuchen Sie, Ihre Wahrnehmung bewusst zu schärfen!

Heute möchte ich Sie mit in den Park nehmen. Einer meiner Lieblingsplätze. Kommen Sie! Es wird Ihnen gefallen. Hier, wir gehen den Kiesweg entlang. Sehr schöne weiße Steine, die nicht ganz so laut knirschen. Aber es ist fast ein wenig beschwerlich, darauf zu gehen. Nun erreichen wir den schönen Königsplatz. Sehen Sie, wie hell das bronzene Reiterstandbild in der Sonne funkelt? Kommen Sie näher heran! Das ist König Heinrich IV. Er wurde von seinen Landsleuten „unser guter König" genannt. Und tatsächlich kann man die Güte in seinem Gesicht erahnen. Er scheint sich lächelnd seinem Volk zuzuwenden. Aber hier lächelt er nur in den schönen Brunnen, auf dem sein Standbild steht. Das Wasser im Brunnen ist wunderbar kalt und klar. Merken Sie, wie gut es tut, die Hände einzutauchen? Man fühlt sich doch gleich herrlich erfrischt! Aber es gibt noch etwas Besseres: Sehen Sie dort an der Ecke den Eiswagen? Hier gibt es mein Lieblingseis: Erdbeereis. Der Duft nach Erdbeeren und der süße, kalte Geschmack – einfach herrlich. Luigi verkauft es schon seit Jahren hier. Kommen Sie weiter, hier sehen Sie den Fußballplatz, auf dem die Kinder spielen. Es macht Spaß, ihnen zuzusehen und zu hören, wie sie sich gegenseitig anfeuern. Dort, der kleine dicke Junge, mit den kurzen schwarzen Haaren, der strengt sich besonders an. Er will mal Profifußballer werden, glaube ich. Da, jetzt ist schon wieder ein Ball in dem Rosenbeet gelandet. Blüten und Erde fliegen richtig in die Luft! Ich frage mich, wie es diese Blumen schaffen, so schön auszusehen und so intensiv zu duften. Riechen Sie mal hier an der riesigen dunkelroten Rose, duftet die nicht herrlich? Und die Blütenblätter fühlen sich so samtig und weich an. Aber Vorsicht, die Dornen sind wirklich spitz, und es tut ganz schön weh, wenn man sich piekt.

Kommen Sie, hier hinter dem Reiterstandbild sind zwei Parkbänke im Schatten. Die riesigen Ahornbäume bieten eine wirklich angenehme Kühle. Setzen wir uns doch! Ist das nicht eine herrliche Ruhe? Hier kann man wunderbar entspannen und sich zurücklehnen. Oh, jetzt kommt das Liebespärchen der Saison. Sie haben sich angeblich bei einer abenteuerlichen Fahrt durch Rom kennen gelernt. Ist es nicht wunderbar, wie sie sich anlächeln? Und ich glaube, ich kann einen Ring an ihrem Finger funkeln sehen. Wir gehen besser weiter, um hier nicht zu stören. Die junge Dame auf der Liegewiese – die habe ich auch schon oft gesehen. Sie reibt sich gerade mit Sonnencreme ein, man riecht sie bis hierher. Hübsch sieht sie aus, nicht wahr? Mit ihren langen roten Haaren und ihrer fast blassen Haut. Die Jungs hinter ihr starren sie ganz schön an. Aber das macht ihr nichts aus. Sehen Sie, jetzt packt sie ihre Musikbox aus und hört alte Rock'n'Roll-Songs. So was hört man nur noch selten.

Lassen Sie uns doch dort drüben in das kleine Café gehen. Ich liebe es, es riecht hier so herrlich nach frischem Espresso. Und man kann von hier aus wunderbar den vorbeilaufenden Menschen zusehen, während man die leckeren kleinen Plätzchen isst, die ein wenig nach Anis schmecken. Sehen Sie den älteren Herrn da vorne? Er schnauft ganz schön. Mit seinem langen grauen Mantel und dem Hut ist er aber auch viel zu warm angezogen. Dort drüben, der junge Mann mit seinem offenen Hemdkragen, dem Zahnpastalächeln und dem beschwingten Gang: Der ist viel passender gekleidet.

So, ich muss zurück zur Arbeit. Wir können wieder den Kiesweg nehmen. Ich wünsche Ihnen noch einen schönen Tag!

Schön wäre es, wenn wir zum Beispiel unsere Mittagspause so entspannend gestalten könnten.

Nun aber zu ein paar Details unserer Geschichte. Bitte beantworten Sie die folgenden Fragen:
1. Welche Duftnoten werden in der Geschichte erwähnt?
2. Was befindet sich hinter dem Reiterstandbild?
3. Was ist kühl oder kalt?
4. Welche Farben wurden erwähnt?

Haben Sie Antworten finden können? Es ist gar nicht so leicht, sich auf Anhieb mit allen Sinnen auf eine Geschichte einzulassen. Vielleicht lesen Sie die Geschichte – jetzt wo Ihnen die Fragen bekannt sind – noch einmal aufmerksam durch. Es wird Ihnen ein Leichtes sein, die Anzahl der richtigen Antworten (siehe Anhang) zu erhöhen – weil Ihre Aufmerksamkeit bereits auf die richtigen Dinge gelenkt ist.

Das Kurzzeitgedächtnis:
Größere Informationseinheiten für mehr Leistung

Auch im Kurzzeitgedächtnis bleiben die Informationen – worauf der Name schon hindeutet – nicht allzu lange. Je nach ihrer Art sind die Informationen hier nur wenige Sekunden bis Minuten verfügbar.[13] Dann können sie durch Wiederholung, Abgleich mit bereits gespeicherten Informationen oder besondere Auffälligkeit ins Langzeitgedächtnis übernommen werden, oder sie werden wieder vergessen.

Das Kurzzeitgedächtnis des Menschen ist in der Lage, ungefähr 7 +/−2 Informationseinheiten – die so genannten Chunks – zu speichern.[14] Die Chunks (aus dem Englischen = Brocken oder Klumpen) selbst können dabei allerdings mehrere Informationen enthalten. Ein Beispiel: Sie wollen sich eine 8-stellige Telefonnummer merken. Die Nummer lautet: 39874711. In Einzelziffern gemerkt entspricht sie acht Informationseinheiten.

Sie können nun die Nummer so lange vor sich hinmurmeln, bis Sie dazukommen, sie zu wählen: drei-neun-acht-sieben-vier-sieben-eins-eins, drei-neun-acht-sieben-vier-sieben-eins-eins … Vielleicht klappt es. Sie können aber auch die Anzahl der Chunks reduzieren, indem Sie aus der Nummer das folgende entwickeln: Ich bin 39 Jahre alt, meine Oma wurde 87 Jahre alt, und die nahm immer Kölnisch Wasser (= 4711). Das brauchen Sie sich vermutlich nur zweimal zu sagen und wissen die Telefonnummer auch noch heute Abend, um sie dann von zu Hause aus zu wählen. Aber da sind wir schon tief im Thema Gedächtnistraining angelangt.

Um die Restriktion des Kurzzeitgedächtnisses abzumildern, können Sie – wenn möglich – durch Mustererkennung oder Zusammenfassungen den Umfang der einzelnen Chunks erhöhen und so Ihre Kapazität voll ausschöpfen.

Ab ins Langzeitgedächtnis!
Welche Informationen dürfen bleiben?

Haben es Informationen bis ins Langzeitgedächtnis geschafft, so bleiben sie dort für einen unbestimmten Zeitraum erhalten – mutmaßlich ein Leben lang. Ob sie von dort aus auch wieder abgerufen werden können, ist eine andere Frage.

Das Langzeitgedächtnis wird unterteilt in Wissen (= deklarativ) und Können (= nicht-deklarativ)[15]. Das deklarative Gedächtnis umfasst das Wissen um Fakten und Ereignisse; das nicht-deklarative quasi den Rest. Dies sind unter anderem erworbene Fähigkeiten wie Rad fahren, Schwimmen, Autofahren oder sonstige Handlungen und Gewohnheiten, die uns täglich begegnen und „in Fleisch und Blut" übergegangen sind: Ein Chemiker denkt nicht mehr darüber nach, wie man Proben nimmt, ein Chirurg nicht mehr über die Handhabung des Skalpells – so hoffen wir jedenfalls. Das unbewusste Wiedererkennen, welches unter der Bezeichnung „Priming" bekannt ist, findet ebenfalls im nicht-deklarativen Gedächtnis statt.

Das deklarative Gedächtnis speichert drei Arten von Informationen ab: episodische, semantische und perzeptuelle.[16] Das episodische Gedächtnis hält autobiografische Inhalte fest, mit uns selbst als Mittelpunkt und Hauptdarsteller: die Hochzeit, der erste Arbeitstag oder ein

Urlaub. Tatsächlich spielt es uns so manchen Streich – aber um diese Art Informationen soll es hier nicht gehen. Auch nicht um das perzeptuelle Gedächtnis, welches dafür zuständig ist, bereits Bekanntes zu identifizieren und zuzuordnen.

Wir wollen das semantische Wissen, das Faktenwissen, aufbereiten. Dinge, die wir uns merken wollen, weil wir sie nicht logisch erschließen können: Fremdwörter, Umsatzzahlen, Namen oder andere Informationen. Ich kann zum Beispiel das Golfhandicap meines Chefs nicht einfach so wissen oder durch irgendwelche Erfahrungen auf seinen zweiten Vornamen schließen. Ich muss diese Informationen empfangen, mir einprägen und verfügbar halten, um sie im beruflichen Alltag einsetzen zu können. Wie schaffen wir das? Zum Beispiel durch Wiederholungen.

Damit sind nicht die Art von Wiederholungen gemeint, an die wir uns vielleicht noch aus unserer Schulzeit erinnern: Zehn Minuten vor dem Biotest gehen wir die Liste mit den wichtigsten Hormonen durch, schreiben unsere Arbeit – und haben vermutlich bereits am Nachmittag alles auf Nimmerwiedersehen vergessen.

Es geht um bewusstes Wiederholen, das uns in immer größer werdenden Abständen bestimmte Informationen wieder ins Gedächtnis ruft, bis sie dort so fest verankert sind, dass wir sie auch nach Jahren noch problemlos abrufen können: Gesetzestexte, die wir gelesen haben, Namen und Fakten, die uns im Beruf weiterbringen, Methoden und Lösungsmöglichkeiten – all dies soll über weite Zeiträume unseres Lebens verfügbar bleiben.

Wiederholungen stellen jedoch nicht die einzige Art dar, uns Informationen einzuprägen. Eine ebenso große Rolle kommt den so genannten Mnemotechniken zu, die ich Ihnen nach der Vermittlung von einigen wichtigen Grundkenntnissen detailliert vorstellen möchte.

Mnemotechniken – Sichere Methoden zur Gedächtnissteigerung

Der Begriff „Mnemo" stammt aus dem Griechischen (*mneme* = Gedächtnis, Erinnerung) und lässt sich auf die Göttin Mnemosyne zurückführen, die die Göttin des Gedächtnisses und Mutter der Musen war.[17]

Früher wurden die so genannten Mnemotechniken vor allem im alten Griechenland genutzt, wo sie im Zusammenhang mit der Rhetorikausbildung gelehrt wurden. Im Umfeld des griechischen Bürgertums – ebenso wie später in der römischen Oberschicht – wurde gerne und viel debattiert, es wurden lange Reden und Vorträge gehalten, und man kann es wirklich als Kunst bezeichnen, wenn diese Reden frei gehalten wurden. Nun hatten die damaligen Bürger auch sehr viel Zeit, ihre Reden zu üben, es gab kein Telefon, das einen ablenkte, keine E-Mails, die zwischendurch aufblinkten, und überhaupt waren die Berufe als Dichter, Senator oder Philosoph vermutlich kaum mit den heutigen Bürosituationen zu vergleichen. Trotzdem greifen auch wir noch auf die seinerzeit entstandenen Methoden zurück.

Unter Mnemotechniken versteht man sämtliche mehr oder minder bekannten und komplexen Merkhilfen, die im Alltag genutzt werden: von der einfachen Eselsbrücke („Sieben, fünf, drei – Rom schlüpft aus dem Ei": Gründung Roms 753 v. Chr.) über Merksätze („**N**ie **O**hne **S**eife **W**aschen" für die Himmelsrichtungen im Uhrzeigersinn) bis zu komplexen Systemen, die den Gedächtnisweltmeistern zu unglaublichen Leistungen und schließlich zu ihren Titeln verhelfen.

Grundlagen zur Gedächtnisoptimierung

Es gibt Dinge, die merken wir uns, ohne darüber nachzudenken: der Geburtstag der Schwester, der Titel des Lieblingsfilms, die Zutaten für das Lieblingsessen oder – je nach Interessenlage – die chemische Formel für Serotonin. Diese Fakten merken wir uns, weil sie uns wichtig sind und uns interessieren, weil sie oft wiederholt wurden oder weil sie im Zuge unserer täglichen Arbeit ständig präsent sind. Welche Informationen uns automatisch einfallen, ist natürlich individuell verschieden.

Es gibt jedoch auch Informationen, die sozusagen kollektiv vorhanden sind – wie zum Beispiel der 11. September 2001. Fast jeder weiß, was er an diesem Tag gemacht hat. Das liegt daran, dass dieser Tag sehr eindrucksvoll war, von persönlichen oder fremden Schicksalen geradezu überfrachtet und von Emotionen verschiedenster Art bestimmt. Dank der Medien haben wir zudem tausende Bilder im Kopf, die auch immer wieder auftauchen. Des Weiteren wird der 11. September nicht als „Anschlag auf das World Trade Center" bezeichnet – zumal ja auch weitere Anschläge an diesem Tag stattfanden –, sondern wird einfach „11. September" oder „Nine/Eleven" genannt.

Und was haben Sie am 12. August 2001 gemacht? Das wissen Sie vermutlich nicht auf Anhieb, wenn es nicht gerade Ihr Hochzeitstag war. Dies ist auch vollkommen undramatisch, denn es ist gut, dass Alltägliches irgendwann aus unserem Gedächtnis „verschwindet".

Tatsächlich ist das Vergessen eine der elementarsten Leistungen unseres Gehirns, ohne die wir in arge Bedrängnis geraten würden.[18] Stellen Sie sich vor, sämtliche unwichtigen Informationen würden ständig in Ihrem Kopf herumschwirren: welch anstrengender Gedanke!

Kommen wir zurück zu den Informationen und Fakten, die Sie sich merken wollen und die nicht derart präsent und deutlich sind wie der 11. September – zum Glück!

Was können Sie tun, damit diesen Informationen prominente Orte in Ihrem Gedächtnis eingeräumt werden? Sie machen sie Ihrem Gehirn „schmackhaft". Wie das aussehen kann, möchte ich Ihnen anhand eines Beispiels verdeutlichen. Sie werden überrascht sein, was man alles mit Informationen machen kann und welch bunte Szenen auch aus trockenen Daten entstehen können:

Meine Firma eröffnet eine Filiale in *Bhubaneswar* (gesprochen BubaNi-ischwar), Indien.

Ich kann mir den Namen dieser Stadt einfach nicht merken, also überlege ich, was mir zu dem Klang des Namens einfallen könnte und stelle mir Folgendes vor: Ich stehe vor der neuen Filiale, die jemand komplett bunt angemalt hat. Davor steht ein kleiner indischer Bub, der unschuldig guckt und sagt: „Bube nicht war …"

Die Filiale sieht aus, als hätte jemand farbigen Zuckerguss drüber-gekippt – und das, wo wir doch Traktorreifen herstellen! Diese Szene merke ich mir – inklusive des Namens der indischen Stadt.

Sie fragen sich, was diese „Spielerei" eigentlich soll? Ich habe dem anspruchsvollen Gehirn eine spannende und merkwürdige Informa-tion angeboten, die einen Sonderplatz im Gedächtnis verdient. Dies konnte gelingen, indem ich Informationen für mein Gehirn ausgefal-len miteinander verknüpft habe, so dass mittels Kreativität und unter Zugabe von reichlich Emotionen eine kleine Filmszene entstanden ist. Diese Szene habe ich schließlich in Gedanken mit meiner Firma ver-bunden und so sichergestellt, dass mir der Name nicht mehr entfällt.

Wenn ich Lust habe, kann ich der Szene auch noch die entsprechenden Geräusche zuordnen: das Hupen und Knattern der Autos, die an der Filiale vorbeifahren. Das Lachen der Menschen, die dieses bunte Gebilde sehen. Oder den Geruch und Geschmack von Zuckerguss. Die gewünschte Information, in diesem Falle der Name der indischen Stadt, wird also unter Einbeziehung aller Sinne immer eindrucksvoller, so dass mein Gehirn diese sehr gut behalten kann.

Üblicherweise verknüpft oder assoziiert jeder Dinge anders, hat andere Emotionen, die zum Aufpeppen genutzt werden können, und verfügt über anderes Vorwissen, an dem neue Informationen verankert werden können. Ich werde Ihnen anhand von vielen Beispielen und unter Vorstellung der einzelnen Methoden zeigen, wie Sie sich für den Beruf wichtige Informationen langfristig merken können.

Erste Schritte: Die Kollegen auf der Tastatur – Zwei Dinge merkwürdig miteinander verknüpfen

Beginnen wir damit, Dinge kreativ, emotional aufgeladen und mit allen Sinnen wahrgenommen zu einer eindrucksvollen Szene zu verknüpfen. Hier ein Beispiel:

Sie sind nächste Woche im Abteilungsleiter-Meeting mit dem Protokollführen an der Reihe und müssen also – entgegen Ihren Gewohnheiten – Ihren Laptop mitnehmen. Sie versuchen nun, zwei Dinge miteinander zu verknüpfen, nämlich den Laptop und die Abteilungsleiterkollegen. Zum Beispiel, indem Sie Ihre Kollegen in Gedanken schrumpfen und jeden auf einer Taste Ihres Laptops Platz nehmen lassen. Bei Bedarf stellen Sie sich dann noch vor, wie Sie genüsslich den Deckel zuklappen. Fertig ist das Bild – und Ihr Laptop wird zum nächsten Meeting sicher nicht vergessen.

Ich möchte Ihnen nun weitere Beispiele geben, damit Sie eine Idee davon bekommen, wie Sie Gegenstände – auch wenn diese auf den ersten Blick nichts miteinander zu tun haben – möglichst ausdrucksstark verknüpfen können. Das schult die Kreativität, ermöglicht freie Assoziationen und lässt Sie erkennen, wie leicht man sich Dinge merken kann, die man in plastischen Bildern vor sich hat. Das Verknüpfen von zwei unter Umständen vollkommen unzusammenhängenden Informationen bildet die Basis für viele Mnemotechniken.

Fangen wir also an:

Eiskugel – Buch
Eine große *Eiskugel* fällt vom Himmel
und landet mitten in meinem
aufgeschlagenen *Buch*.

Stöckelschuhe – Teddybär
Ein *Teddybär* trägt heiße *Stöckelschuhe* und
stolziert freudig durch die Einkaufspassage.

Pisa – Eier
Der *Schiefe Turm* steht gar nicht auf
dem Boden, sondern auf *Eiern* ...
gucken Sie mal ganz genau nach ...
<u>Anmerkung</u>: Hier wurde bereits ein Zusatzschritt
gemacht, indem ein Ersatzwort für Pisa gewählt
wurde, und zwar der Schiefe Turm, als das Wahrzeichen der Stadt. Natürlich können Sie an diese
Stelle ein Bild setzen, das Sie persönlich mit Pisa
verbinden: Galileo Galilei (wurde in Pisa geboren),
eine wunderbare Italienreise, Ihre erste Liebe oder
leckeres Essen. Hauptsache, Sie denken bei Ihrem
Bild sofort an Pisa.

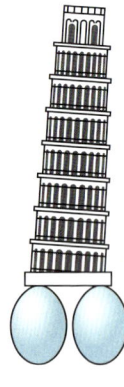

Freude – Leim

Ich bin außer mir vor *Freude*, will ständig in die Luft springen, aber der *Leim* unter meinen Füßen lässt mich am Boden kleben.

Anmerkung: Begriffe wie Freude, Glück, Zufriedenheit, Wut, Sorge oder Ähnliches haben kein direktes Bild, so dass ich ein Ersatzbild wähle. Die Freude habe ich mit einem Luftsprung symbolisiert, Wut könnte das Bild einer geballten Faust sein, Zufriedenheit eine glücklich lächelnde ältere Dame.

Mithilfe dieser Bilder ist es nun möglich, anhand nur eines Begriffes auf den jeweils anderen zu schließen, obwohl sie nicht unbedingt logisch miteinander verbunden sind. Unserem Gedächtnis ist die Logik in diesem Fall egal. Es erkennt, welche Begriffe zueinander gehören, hat sich also die entsprechenden Details gemerkt. Dies werden wir uns in den Merktechniken zu Nutze machen.

HINWEIS: Gute Verknüpfungen

- Verknüpfungen sollten ausgefallen sein. Wenn Sie allzu Offensichtliches wie „Tisch und Teller = Mittagessen" verknüpfen, bleibt diese Information eventuell nicht haften.
- Ordnen Sie unübliche Aktivitäten und Fähigkeiten einer Person oder einem Gegenstand zu, damit Ihre Verknüpfungen außergewöhnlich werden: Ein LKW, in dem ein Fahrer sitzt, ist nicht „bemerkenswert" – ein Mann, der einen LKW lässig unter den Arm klemmt, schon. Eine Pflanze im Terrakottatopf ist etwas Alltägliches – eine Pflanze, die mit einem Terrakottatopf nach mir wirft, ist es nicht.

Übung: Was fehlt?

Jetzt sind Sie dran: Verknüpfen Sie nun die folgenden Begriffe möglichst kreativ und ausgefallen miteinander, so dass einprägsame Bilder entstehen:

Hautcreme – Baum

_____

_____

Kiste – Maus

_____

_____

Marmelade – Telefon

_____

_____

Teppich – Berlin

_____

_____

Feuerwehr – Nagellack

_____

_____

Formular – Blumen

_____

_____

Glühbirne – Tomate

_____

_____

Trödelmarkt – Mann

_____

_____

Gehen Sie nun Ihre Bilder in Gedanken nochmals durch. Sind alle Einzelheiten gut zu erkennen? Dann tragen Sie jetzt die fehlenden Begriffe ein:

Baum   –   _____

Feuerwehr –   _____

Mann   –   _____

Kiste   –   _____

Telefon   –   _____

Tomate   –   _____

Blumen   –   _____

Teppich   –   _____

Haben Sie es geschafft? Herzlichen Glückwunsch.

Sollte Ihnen das eine oder andere Begriffspaar nicht eingefallen sein, ist das in Ordnung. Bemerkenswerte Verknüpfungen bedürfen nun einmal einer gewissen Übung. Freuen Sie sich einfach auf die nächsten Kapitel und Beispiele. Sie werden sehen, mit jeder Übung kommen Ihnen immer schneller ausgefallene und verrückte Bilder in den Sinn.

Nun möchte ich Ihnen noch meine Assoziationen und Bilder vorstellen:

Baum – Hautcreme

Zur besseren Landschaftspflege reibe ich den *Baum* mit einer feinen *Hautcreme* ein. Der Baum genießt und schweigt.

Feuerwehr – Nagellack

Die *Feuerwehr* hat nichts zu tun – was gut ist – und nutzt die freie Zeit zur Verschönerung des Feuerwehrautos, welches mit *Nagellack* auf Hochglanz gebracht wird.

Mann – Trödelmarkt

Auf dem *Trödelmarkt* erzielen Sie für Ihren *Mann* einen extrem guten Preis.

Kiste – Maus

Eine fleißige *Maus* trägt eine riesengroße *Kiste* auf ihrem Rücken. Es soll ihr neues Feriendomizil werden.

Telefon – Marmelade

Mein *Telefon* reibe ich mit *Marmelade* ein. Wunderbar, so kann ich mein Telefon nicht nur hören, sondern auch riechen und unvergesslich berühren.

Tomate – Glühbirne

Unsere Wohnung soll extravagant werden. Unter diesem Motto hängt seit Neuestem eine große Anzahl *Glühbirnen* und *Tomaten* an meiner Zimmerdecke. Sehr schön!

Blumen – Formular

Das *Formular* decke ich mit unzähligen bunten *Blumen* zu. Weg ist es!

Teppich – Berlin

Ich setze mich auf den großen *Teppich* und fliege damit dreimal um den Reichstag.

Der Grundstein für ein optimiertes Gedächtnis und die Basis für die Merkmethoden ist mit dieser Übung gelegt – und es kann losgehen!

Grundlagen der Mnemotechniken

Informationen werden

- mit einer zugehörigen anderen Information verknüpft,
- in ein eindrucksvolles Bild oder eine ganze Szene gesetzt, die vor unserem geistigen Auge abläuft,
- mit Emotionen, Über- oder Untertreibungen, positiven Bildern, Erotik, Zerstörung, verschiedenen Sinneseindrücken wie Geräuschen, Farben oder Gerüchen dekoriert,
- an eine Art „Startknopf" geknüpft, von dem aus ich das Bild oder die Szene abrufen kann.

Mit der Geschichte-Methode verschiedenste Aufgaben sofort merken

Das Prinzip der Geschichte-Methode ist schnell erklärt: Sie wollen sich ein paar Dinge merken und haben keinen Zettel dabei? Überlegen Sie sich einfach eine kleine Geschichte, in der die für Sie wichtigen Informationen vorkommen. Denken Sie immer daran: Das Gehirn ist verwöhnt und will unterhalten werden! Nutzen Sie also lustige, traurige, übertriebene, verrückte, emotionale oder erotische Elemente und fangen Sie einfach an. Sie werden erstaunt sein, wie schnell Sie eine kleine Geschichte beisammenhaben – und schon wieder kreativ waren.

Beispiel: Die spontane Aufgabenliste

Vielleicht kennen Sie die Situation? Eigentlich sind Sie gerade dabei, eine neue Strategie für das nächste Verkaufsgespräch zu planen, oder Sie bearbeiten die Schriftstücke der letzten Woche – da steckt die Vorgesetzte auf dem Weg zum Flughafen kurz ihren Kopf ins Zimmer und sagt Ihnen, was Sie bis zu ihrer Rückkehr in zwei Tagen unbedingt noch erledigen sollten:

- Kollegin Sabine das Geschenk anlässlich ihres Geburtstages überreichen.
- Dem Vorstand die geforderten Umsatzzahlen schicken.
- Den Rückflug mit Zwischenstopp in Stuttgart buchen lassen.
- Die Präsentation für das nächste Abteilungsmeeting überarbeiten.
- Beim Einkauf einen neuen Drucker bestellen.

Aus den folgenden Stichpunkten können Sie nun eine Geschichte erstellen:

- Kollegin Sabine, Geschenk
- Vorstand, Umsatzzahlen
- Flug, Stuttgart
- Präsentation, Abteilungsmeeting
- Drucker

Wie könnte die Geschichte aussehen?

Zum Beispiel so: Ich fahre mit dem Auto gerade auf die Autobahn, als ich **Kollegin Sabine** vor mir fahren sehe. Ich kurbele das Fenster herunter und werfe ihr das **Geschenk** hinüber. Leider trifft es ihren Beifahrer aus dem **Vorstand**, der vor Schreck sämtliche **Papiere mit den Umsatzzahlen** aus dem Autofenster flattern lässt. Viele Papiere fliegen direkt auf die Frontscheibe eines kleinen **Flugzeuges**, das daraufhin direkt auf dem **Stuttgarter Flughafen** zwischenlanden muss. Es hält mitten in einer **Präsentation** des **Abteilungsmeetings.** Da gehen die Türen auf und heraus rollt ein wunderschöner neuer **Drucker.**

Mit dieser Geschichte sollte es ein Leichtes sein, sich an sämtliche Aufgaben bis zur Rückkehr Ihrer Chefin zu erinnern. Und sie bestenfalls auch zu erledigen.

TIPP: Von Begriffen zu Geschichten kommen

Manche Menschen empfinden es als schwierig, aus Begriffen Geschichten zu bauen. Dabei kann mit etwas Übung jeder lernen, merkwürdige Geschichten zu erfinden. Für das Gedächtnistraining gilt: Je verrückter, emotionaler, ausgefallener und bunter eine Geschichte ist, desto leichter kann das Gehirn sie sich merken. Wie werden nun aus Begriffen Geschichten? Indem man sie durch weitere Worte miteinander verknüpft, wobei Realitätsnähe keine Rolle spielt:

- Ein Begriff kann zur „Hauptfigur" werden – wenn ich das nicht selbst bin (ein Schreibtisch oder ein Locher kann zu einem meuchelnden und zerstörischen Protagonisten werden).

- Zwei Dinge können etwas miteinander tun (bauen, irgendwohin gehen, tanzen, zerstören, reden, lachen, sich verprügeln – und schon ist eine Handlung da).

- Zwei Dinge können ein Drittes zum Ergebnis haben (eine Lampe fällt auf einen Apfel, so dass ein Brei entsteht – schon habe ich drei Begriffe miteinander verknüpft).

- Man kann bekannte Geschichten abwandeln oder verfremden (ein großer Autoschlüssel fragt den Rückspiegel, ob er der Schönste im Auto sei).

- Spaß dran haben. Mit ein wenig Übung, Kreativität und Lust entstehen die absurdesten und einprägsamsten Geschichten.

Übung: Ich packe für meine Geschäftsreise

Hoffentlich habe ich bloß nichts vergessen! Ein Gedanke, den wir nicht haben möchten, wenn wir gerade in unseren abfahrbereiten Zug steigen. Also geht man am besten eine kurze Geschichte durch, *bevor* man das Haus verlässt. Was müssen wir für unsere Geschäftsreise unbedingt mitnehmen?

- Laptop
- Personalausweis
- Zahnbürste
- Deostift
- Kleidung
- Mappe mit Geschäftsunterlagen
- Kamm
- Handy
- Lade- und Netzgeräte

Bitte überlegen Sie sich nun Ihre Geschichte:

_____

_____

_____

_____

_____

_____

_____

_____

Sehr gut! Bitte gehen Sie die Geschichte in Gedanken nochmals durch. Sie werden merken, dass es Ihnen mit etwas Übung sehr leichtfallen wird, aus dem Stegreif Geschichten zu erfinden. Und wer weiß, wozu das für Sie noch gut sein wird.

Tragen Sie nun Ihre Packliste in die nachstehenden Zeilen ein:

_____ _____

_____ _____

_____ _____

_____ _____

Sind Ihnen sieben und mehr Gegenstände eingefallen? Bravo!

Jetzt möchte ich Ihnen kurz meine Geschichte schildern, die mir zu den aufgeführten Begriffen eingefallen ist:
Mein **Laptop** hat schon wieder meinen **Personalausweis** gefressen. Einfach zugeklappt und weg war er. Jetzt muss ich ihn mit der **Zahnbürste** zwingen, sich zu öffnen. Damit er offen bleibt, klemme ich noch einen **Deostift** dazwischen. Natürlich ist der Laptop stärker und der Deostift geht kaputt. Alles spritzt über meine **Kleidung** und die **Mappe mit den Geschäftsunterlagen,** die jetzt kolossal verklebt sind und extrem duften. Zur Strafe pieke ich den Laptop mit meinem **Kamm**. So! Ich schnappe mir mein **Handy** – das einzige Gerät, auf das hier Verlass ist – und rufe die Polizei! Den Laptop fessle ich sicherheitshalber noch mit den Kabeln der **Lade- und Netzgeräte**. Jetzt kann ihn die Polizei bedenkenlos mitnehmen.

Die Geschichte-Methode eignet sich übrigens hervorragend für etwa 15 bis 20 Begriffe oder Informationen. Wenn Sie sich mehr Dinge merken wollen, könnte die Geschichte zu umfangreich werden, so dass die Gefahr besteht, dass man „rauskommt" und so wichtige Informationen verloren gehen. Für die Version mit „unlimitierter Speichergröße" kommen wir nun zur Loci-Methode.

Von der Argumentationskette bis zur freien Rede – Nichts auslassen dank Loci-Methode

Einsatzmöglichkeiten und Herkunft der Loci-Methode

Sie möchten sich innerhalb kurzer Zeit Aufgabenlisten, Verkaufsargumente und Stichpunkte für die nächste freie Rede sicher und in der richtigen Reihenfolge merken? Sie möchten Ihren Mitarbeitern die Leitlinien des Unternehmens nahebringen oder den Ablaufplan eines großen Prozesses sicher vorstellen? Dann ist die Loci-Methode als Klassiker unter den Merktechniken das Mittel der Wahl.

Der Name Loci-Methode stammt von dem lateinischen Wort *loci* = Orte. Diese Methode wird auch Raummethode genannt und bildet im Grunde eine Art Sortiersystem für Informationen im eigenen Gedächtnis. Dieses System wussten wohl schon die alten Griechen zu schätzen, namentlich Simonides von Keos. Der Mythos, den Cicero in seiner Schrift zur Rhetorik *De oratore* wiedergibt, beschreibt den Ursprung der Loci-Methode und ist – wie es sich für diese Zeit gehört – tragisch, mit einer Moral verbunden und mit ordentlich vielen Toten dekoriert:

„Man erzählt nämlich, Simonides habe einst zu Krannon in Thessalien bei Skopas, einem begüterten und vornehmen Mann, gespeist und ein auf ihn gedichtetes Lied gesungen, worin er vieles nach Art der Dichter zur Ausschmückung auf das Lob des Kastor und Polydeukes eingestreut hatte; Skopas habe hierauf gar zu knickerig zu Simonides gesagt, er werde ihm nur die Hälfte der ausbedungenen Summe für dieses Lied geben, die andere Hälfte möge er sich, wenn es ihm beliebe, von seinen Tyndariden erbitten, die er eben so sehr gelobt habe. Bald darauf, erzählt man weiter, wurde dem Simonides gemeldet, er möchte herauskommen; zwei junge Männer ständen vor der Tür, die ihn dringend zu sprechen wünschten. Er erhob sich von seinem Sitz, ging hinaus, sah aber niemand. In der Zwischenzeit stürzte das Zimmer, wo Skopas speiste, zusammen, und er mit den Seini-

gen wurde durch den Einsturz unter den Trümmern begraben und kam um. Als nun die Angehörigen diese zu bestatten wünschten und die Zerschmetterten durchaus nicht unterscheiden konnten, soll Simonides dadurch, dass er sich erinnerte, welchen Platz jeder bei Tisch eingenommen hatte, allen gezeigt haben, wen jeder zu begraben habe. Durch diesen Vorfall aufmerksam gemacht, erzählt man, machte er damals ausfindig, dass es besonders die Ordnung sei, die dem Gedächtnis Licht verschaffe."[19]

Zwei Dinge lehrt uns diese Erzählung: Man sollte niemals einen griechischen Dichter um seinen Lohn prellen und sich vor Augen führen, wie hilfreich es für das Gedächtnis ist, eine „räumliche Ordnung" im Kopf zu erstellen. Denn genau das hat Simonides von Keos gemacht: Entlang der Sitz-„Ordnung" hatte er Namen und Gesichter abgespeichert und so keinen der Gäste vergessen. Dieses Ereignis brachte ihn zu der Erkenntnis, dass Orte im Gedächtnis, an die man bildlich vorgestellte Informationen anknüpfen kann, ungemein hilfreich sind[20] – und genau das wird bei der Loci-Methode getan.

Sie können sich Ihr Gedächtnis als eine Art riesengroße Bibliothek vorstellen. Niemand weiß, wie viele Bücher hier eigentlich untergebracht sind – aber es sind Unmengen. Sämtliche im Gedächtnis verfügbaren Informationen sind in dieser Bibliothek aufgehoben – nur leider wird man die einzelnen Bücher nicht alle wiederfinden, wenn man nicht weiß, wo sie genau stehen. Jede gut sortierte Bibliothek besitzt ein eindeutiges Ordnungssystem für die Bücher, welches den genauen Standort nachvollziehbar macht.

Bei der Loci-Methode ist das ähnlich. Sie legt fest, wo sich Informationen befinden beziehungsweise wo wir (in Gedanken) entlanggehen müssen, um an der gewünschten Information vorbeizukommen. Es wird also ein Weg erstellt, sei er nun imaginär oder real, der mehrere Routenpunkte hat. An diesen Punkten werden die Informationen durch bildhafte Verknüpfung „abgelegt", die wir uns merken möchten.

Wir benötigen im nächsten Schritt also Räume oder Wege, die wir sicher „entlanggehen" können.

Beispiel: Sicherheit im Mitarbeitergespräch – Gesprächsstichpunkte auf der Körperroute

Fangen wir mit einer sehr übersichtlichen „Route" an, auf der wir verschiedene Punkte zur Informationsverankerung einrichten: unserem eigenen Körper. Der Körper eignet sich als Weg insofern prima, als wir ihn „überall mit hinnehmen können". Richten wir also zunächst gemeinsam Wegpunkte ein, indem wir den Körper von den Füßen bis zum Kopf „abschreiten":

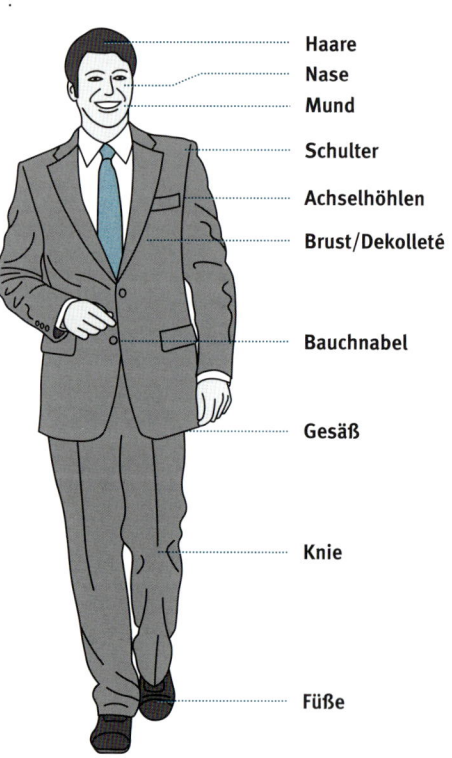

Haare
Nase
Mund
Schulter
Achselhöhlen
Brust/Dekolleté
Bauchnabel
Gesäß
Knie
Füße

10. Haare
 9. Nase
 8. Mund
 7. Schulter
 6. Achselhöhlen
 5. Brust/Dekolleté
 4. Bauchnabel
 3. Gesäß
 2. Knie
 1. Füße

Dieser Weg beginnt mit Punkt 1 und endet mit Punkt 10. Dass wir dabei von unten nach oben zählen, dient der leichteren Visualisierung – die Füße sind schließlich auch unten. Wiederholt man die verschiedenen Wegpunkte ein paar Mal und geht sie tatsächlich einmal mit der Hand ab, so hat man sich eine sehr übersichtliche und gut zu behaltende Route mit eindeutigen Wegpunkten erstellt. Nun gilt es, diese Wegpunkte auf dem Körper mit den zu merkenden Informationen zu verknüpfen. Die Verknüpfung sollte möglichst plastisch und für das Gehirn sehr anregend gestaltet werden, damit sie leicht zu merken ist. Danach schreitet man den Körperweg in Gedanken wieder ab und trifft unterwegs auf die dort verankerten Informationen.

In unserem ersten Beispiel versuchen wir, uns Fragen und Fakten zu merken, die während eines Vorstellungsgespräches mit einer potenziellen neuen Mitarbeiterin behandelt werden sollen. Stellen Sie sich vor, Sie arbeiten als Führungskraft in einem Pharmazieunternehmen, welches sich auf die Herstellung von Nasentropfen spezialisiert hat. Sie haben schon einige Einstellungsgespräche geführt – doch ab und zu passiert es Ihnen, dass Sie die eine oder andere wichtige Frage vergessen, wenn Sie Ihren Spickzettel nicht dabeihaben. Damit Sie das nächste Gespräch ohne Zettel führen können, legen Sie die Fragen und Fakten stichpunktartig auf Ihrer Körperroute ab.

Sie wollen Folgendes wissen:

1. Vorwissen über die Unternehmensbranche (Pharmazie)
2. Vorwissen über das konkrete Unternehmen (Marktführer für Nasentropfen)
3. Ausbildung
4. Ehemalige Arbeitgeber
5. Karriereziele
6. Grund für Jobwechsel
7. Arbeitszeiten
8. Gehaltsvorstellungen
9. Möglicher Arbeitsbeginn
10. Entscheidungstermin

Los geht's:

1. Wir starten mit der Position Nummer 1, den Füßen. Unsere Füße sollen fantasievoll mit der ersten zu merkenden Frage aus unserem Beispiel kombiniert werden: Was weiß die Kandidatin über die *Pharmaziebranche*? Verknüpfen Sie nun bildlich Ihre Füße mit der Pharmazie, indem Sie sich vorstellen, wie Ihre **Füße** in einer Schüssel unzähliger bunter *Tabletten* baden, die lustig an den Zehen kitzeln.
2. Unsere Knie werden mit den Nasentropfen verbunden. Also stellen Sie sich vor, dass Ihre **Knie** einen Schnupfen haben, so dass sie ständig jucken und mit *Nasentropfen* beträufelt werden müssen.

Genauso wird mit den übrigen Informationen und Wegpunkten verfahren:

3. In Ihrer **Gesäß**tasche befinden sich die *Ausbildungszeugnisse der letzten Jahre*. Bei den vielen Schul- und Ausbildungsjahren sind das eine Menge, so dass sie ordentlich drücken.
4. In Ihrem **Bauchnabel** befinden sich zahlreiche Firmenlogos der *ehemaligen Arbeitgeber*.
5. Quer über Ihre **Brust** haben Sie das Wort ZIELE geschrieben. In schönen bunten Buchstaben.
6. Unter den **Achselhöhlen** kitzelt es, da sich dort Ihre Bewerberin befindet und von Job zu Job *wechselt*.
7. Auf Ihrer **Schulter** balancieren Sie eine Stechuhr zur Erfassung der *Arbeitszeiten*.
8. In Ihrem **Mund** steckt ein *Gehaltszettel*, den Sie genüsslich verspeisen und …
9. … auf der **Nase** balancieren Sie den Terminkalender, in dem der *erste Arbeitstag* angestrichen ist.
10. In Ihren **Haaren** sitzt ein Männchen, das ständig *Entscheidungen* trifft: Daumen hoch, Daumen runter.

Sie haben nun alle zu merkenden Informationen sicher an Ihrem Körper abgelegt. Wenn Sie jetzt Ihre Körperroute beim nächsten Vorstellungsgespräch in Gedanken abschreiten, werden Ihnen sofort die dort abgelegten Informationen wieder begegnen.

Wir haben gemeinsam zehn Wegpunkte eingerichtet. Wenn Sie mögen, können Sie mehr Wegpunkte am Körper festlegen, indem Sie zum Beispiel die Wade, den Hüftknochen oder jeden einzelnen Finger mit aufnehmen. Wenn Sie weitere Routenpunkte benötigen, erschaffen Sie sich hierfür neue Routen. Warum man verschiedene Routen braucht und wie diese erstellt werden, erfahren Sie im folgenden Kapitel.

Tipps für optimale Routen

Als mögliche Routen eignen sich Räume, die uns sehr vertraut sind und die wir problemlos auch in Gedanken abschreiten können. Zum Beispiel das Büro, in dem wir täglich sitzen oder auch die eigene Wohnung. In jedem Zimmer lässt sich eine Route erstellen.

Natürlich eignen sich auch Wegstrecken an der frischen Luft, sofern sie uns hinreichend vertraut sind: der alte Schulweg, Wege zu Freunden, eine vor Kurzem durchgeführte Rundreise oder ein gern gewählter Spazierweg.

Wir sollten immer mehrere Routen im Kopf parat haben, für den Fall, dass wir uns schnell etwas merken wollen. Denn zum einen könnte es sein, dass mehr Informationen zu behalten sind, als eine Route Wegpunkte hat, zum anderen können Wegpunkte einfach bereits belegt sein, weil dort die Informationen der vorangegangenen Routennutzung noch präsent sind. Erfahrungsgemäß verschwinden die Bilder und Informationen – je nach Qualität der Verknüpfung – nach einem oder mehreren Tagen wieder aus dem Gedächtnis, sofern sie nicht mittels Wiederholungen wunschgemäß in das Langzeitgedächtnis übernommen wurden. Dann wären also auch bereits benutzte Routen wieder „frei". Verfügt man jedoch über mehrere Routen, umgeht man ganz sicher die Gefahr überlappender Bilder beziehungsweise Informationen und hat jederzeit Platz für neue zu merkende Dinge.

Das Erstellen mehrerer einprägsamer und sicherer Routen ist die Grundlage der Loci-Methode. Um dabei nicht in Stolperfallen zu geraten, erfahren Sie nun, nach welchen Regeln alle Routen erstellt werden sollten:

Erstellen Sie Routen mit einer leicht zu merkenden Anzahl von Routenpunkten.
Zum Beispiel: Wohnzimmer – 20 Punkte, Bad – 10 Punkte, Küche – 10 Punkte, Arbeitsweg – 20 Punkte. Das ermöglicht Ihnen eine schnelle Übersicht über die benötigten Routen. Sie müssen sich 37 Begriffe merken? Dann müssen Wohnzimmer, Bad und Küche herhalten. Bei 17 reicht schon das Wohnzimmer oder der Arbeitsweg.

Alle Wegpunkte sollten fest an ihrem Platz stehen.
Das bedeutet, dass die Orte, die Sie als Wegpunkte verwenden, relativ unbeweglich sein sollten. Die zuverlässigsten Wegpunkte sind feste Gegenstände wie der Büroschrank oder die Garderobenhaken. Die bleiben da, wo sie sind.
Weniger eignen sich das Bonbonglas, der Locher oder die Keksdose. Es sei denn, Sie sind ein besonders ordentlicher Mensch, bei dem immer alles an seinem Platz steht. Sollten Sie jedoch eher zum spontanen Typus gehören oder solche Kolleginnen und Kollegen haben, kann es sein, dass der Locher schon mal im Schrank und die Keksdose unter Umständen gar nicht zu finden ist.

Behalten Sie stets die Reihenfolge aller Wegpunkte bei.
Wenn Sie sich nur fünf Informationen merken möchten, verwenden Sie einfach die ersten fünf Punkte einer Route. Es ist nicht ratsam, für

diesen Zweck auf einmal nur die fünf größten Orte auf einer Route zu nutzen, wie Bahnhof, Bushaltestelle, Dom, Rathaus und Bürogebäude. Sonst wissen Sie bei der nächsten Verwendung nicht mehr, welche Wegpunkte genau auf die jeweilige Route gehören.

Die Wegpunkte im Raum sollten sich ungefähr auf einer Höhe befinden.
Der Leuchter an der Decke ist ebenso ungeeignet wie der Parkettboden. Erstens könnten Sie beide völlig vergessen, weil Sie in der Regel beim Abschreiten Ihrer Räume und Wege nicht nach oben oder nach unten sehen. Zweitens sind diese beiden Orte von jedem beliebigen Punkt Ihres Weges aus sichtbar, so dass diese Wegpunkte keiner eindeutigen Reihenfolge unterliegen.

Wählen Sie eindeutige Routenpunkte, die nicht in mehreren Wegen vorkommen.
Zimmertüren, die sich ähnlich sehen, Steckdosen, die in jedem Zimmer auch noch mehrmals auftauchen, oder Straßenlaternen, die eine gewisse Einmaligkeit vermissen lassen, sind ungeeignet. Die Verwechslungsgefahr ist zu groß, wenn Sie mehrere Routen hintereinander benötigen.

Gehen Sie Ihre Wege physisch oder in Gedanken ab, bis Sie sicher sein können, dass Sie keinen Wegpunkt vergessen.
Der Weg ist das A und O der Loci-Methode und eine exakte Erinnerung an die einzelnen Punkte entscheidet über den Erfolg. Sie können sich den Weg zum besseren Erlernen auch aufzeichnen. Damit unterstützen Sie zusätzlich den visuellen Effekt.

Beherzigen Sie diese Tipps, sollte es ein Leichtes sein, neue schnell zu merkende und eindeutige Routen anzulegen. Wenn Sie diese dann noch regelmäßig „abschreiten", steht Ihnen die Loci-Methode mit all ihren Vorteilen zur Verfügung.

Büroroute

Beispiel: Die tägliche Aufgabenliste – Raumrouten im Büro

Als Route für die nächste Aufgabe wollen wir ein Büro verwenden. Da wir nun vermutlich nicht alle das gleiche Büro vor Augen haben, dient uns die beigefügte Skizze zur Verdeutlichung des Raumes und der einzelnen Wegpunkte. Ich habe die folgenden Orte für Sie als Wegpunkte skizziert:

1. **Tür**
2. **Lichtschalter**
3. **Garderobe**
4. **Schirmständer**
5. **Bücherregal**
6. **Mülleimer**
7. **Pflanze**
8. **Fenster**
9. **Wandgemälde**
10. **Aktenschrank**

Nun merken wir uns unsere Tagesaufgaben, indem wir die zugehörigen Informationen mit den vorgegebenen Wegpunkten verknüpfen. Die Beispielaufgaben sind die folgenden:

1. Aktenvernichter bestellen
2. Blumenstrauß für die Sekretärin kaufen
3. Zugverbindung klären
4. Zum firmeninternen Yogakurs anmelden
5. Geld wechseln für die Auslandsreise
6. Schlüssel für den Besprechungsraum abholen
7. Newsletter abbestellen
8. Mitarbeitergespräch führen
9. Statistiken für den Bereichsleiter zusammenstellen
10. Rechnungen anweisen

Zur Verdeutlichung lege ich Ihnen nun noch einmal mögliche Verknüpfungen dar, bevor Sie in der nächsten Übung diesen Schritt selbst unternehmen können.

1. Ich bekomme die **Tür** nicht auf, weil sie vom *Aktenvernichter* blockiert wird.

2. Der **Lichtschalter** schaltet nicht das Licht an, sondern lässt *tausende Blumen* auf die *Sekretärin* herabregnen.
3. An der **Garderobe** *wartet ein Zug* auf mich.
4. Auf dem **Schirmständer** sitzt ein *Yoga*-Lehrer.
5. In meinem **Bücherregal** stapeln sich die *Geldscheine*.
6. Aus dem **Mülleimer** ragt ein überdimensional großer *Schlüssel*.
7. An der **Pflanze** hängen ausgedruckte *E-Mails*, die ich dringend entfernen muss.
8. Auf der **Fenster**bank sitze ich mit meinem *Mitarbeiter* und führe ein intensives *Gespräch*.
9. Auf dem **Wandgemälde** ist der *Bereichsleiter* abgebildet, der jubelnd einen Berg von *Statistiken* in die Luft wirft.
10. Aus dem **Aktenschrank** quellen mir Unmengen *Rechnungen* entgegen.

Konnten Sie alle Bilder deutlich sehen? Dann gehen Sie nun bitte in Gedanken noch einmal den Weg beziehungsweise die Skizze entlang, und schauen Sie, welche Bilder Ihnen dabei begegnen und welche Begriffe Sie daraus erkennen können. Sollten an dieser Stelle noch Begriffe fehlen, könnte dies daran liegen, dass es nicht Ihre eigene, sondern meine Fantasie ist, die die Verknüpfungen vorgenommen hat. Die Bilder aus der eigenen Fantasie sind für das Gedächtnis intensiver und nachhaltiger.

In den kommenden Übungen werden Sie Ihre Wege deshalb selbst festlegen und die Informationen auch selbstständig verknüpfen.

Übung: Verkaufsargumente ablegen und abrufen

Für den nächsten Kundentermin möchten Sie alle Verkaufsargumente sofort parat haben. Zu diesem Zweck erstellen Sie zunächst eine Route, auf der Sie später die Argumente ablegen können.

HINWEIS:
Natürlich brauchen Sie sich nicht für jede Art der Informationsabspeicherung eine neue Route ausdenken. Je öfter Sie eine Route verwenden, umso sicherer beherrschen Sie diese. Da hier aber gerade mehrere Beispiele und Übungen aufeinander folgen, nutzen wir dafür verschiedene Routen, da die Wege der bereits genutzten Routen noch „besetzt" sind.

Notieren Sie sich eine Route durch die Teeküche oder Ihr Wohnzimmer mit zehn Routenpunkten. Hilfsweise können Sie diese Route auch aufmalen, um sich den Weg besser einzuprägen.

1. _____

2. _____

3. _____

4. _____

5. _____

6. _____

7. _____

8. _____

9. _____

10. _____

Können Sie den Weg sicher im Kopf abschreiten? Dann folgt der nächste Schritt: Merken Sie sich die folgenden Verkaufsargumente für einen Lederkoffer in der richtigen Reihenfolge, indem Sie sie mit Ihren Routenpunkten verknüpfen:

1. Sehr günstig
2. Besonders hochwertiges Material
3. Besonders leicht
4. In vielen Farbschattierungen erhältlich
5. Lebenslange Garantie

6. Unser Vorstandsvorsitzender hat den auch
7. Zahlenschloss
8. Viele Dokumentenfächer
9. Laptopfach
10. Seriosität: Der Kunde soll endlich vom Rucksack wegkommen

Haben Sie alle zehn Bilder an Ihren zehn Routenpunkten? Dann können Sie noch kurz überlegen, mit welchem Lächeln im Gesicht Sie die Argumente vortragen möchten. Hier können Sie die Verkaufsargumente in der richtigen Reihenfolge eintragen:

1. _____
2. _____
3. _____
4. _____
5. _____
6. _____
7. _____
8. _____
9. _____
10. _____

Und? Haben Sie sich acht oder mehr Begriffe merken können? Bravo! Wenn nicht – Gedächtnistraining macht den Meister.

Nun möchte ich Ihnen noch meine Verknüpfungen präsentieren, wobei die folgenden Routenpunkte in einer Küche angesiedelt sind:

1. **Kühlschrank**   5. **Arbeitsplatte**   8. **Orchidee**
2. **Spülmaschine**   6. **Herd**   9. **Geschirrschrank**
3. **Gewürzregal**   7. **Reiskocher**   10. **Weinregal**
4. **Kaffeemaschine**

Küchenroute

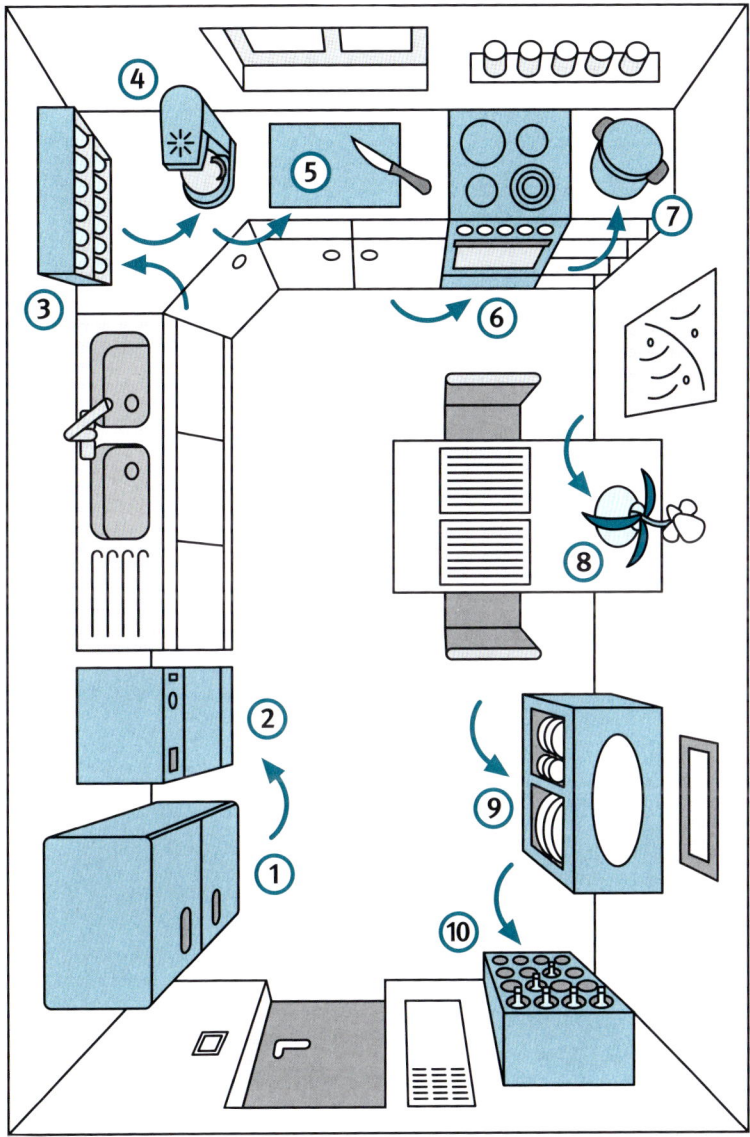

1. **Kühlschrank – sehr günstig**
   An meinem **Kühlschrank** klebt ein riesiges *Rabattschild*, auf dem ein ganz *kleines EURO-Zeichen* vermerkt ist.
2. **Spülmaschine – hochwertiges Material**
   Meine **Spülmaschine** ist gefüllt mit Stempeln, die alle das *Gütesiegel* irgendwo aufdrucken wollen.
3. **Gewürzregal – leicht**
   Im **Gewürzregal** stehen zwischen den Gewürzen lauter *kleine Gewichte*.
4. **Kaffeemaschine – viele Farbschattierungen**
   Meine **Kaffeemaschine** macht heute komische Sachen und gibt meinen Kaffee in den unterschiedlichsten *bunten Farben* heraus.
5. **Arbeitsplatte – lebenslange Garantie**
   Obwohl ich schon unzählige Kräuter auf meiner **Arbeitsplatte** zerhackt habe, geht das geniale Ding einfach nicht kaputt. Sie wird mein *Leben lang garantiert halten*.
6. **Herd – unser Vorstandsvorsitzender**
   An meinem **Herd** steht heute unser *Vorstandsvorsitzender*, der mit einem Aktenkoffer in der Hand für mich kocht. Toll!
7. **Reiskocher – Zahlenschloss**
   Der **Reiskocher** ist mit ganz vielen Ketten verriegelt, die mit einem *Zahlenschloss* abgesichert sind.
8. **Orchidee – viele Dokumentenfächer**
   Meine **Orchidee** ist ein prima *Ablageort* für zahlreiche *Dokumente*, so dass aus jedem Blütenblatt ein Papier hervorschaut.
9. **Geschirrschrank – Laptopfach**
   In meinem **Geschirrschrank** steht kaum noch Geschirr drin, weil dort jetzt ein *Laptop* wohnt und ein *Fach* zu seinem Zuhause erklärt hat. Das Geschirr hat er rausgeschmissen.
10. **Weinregal – Seriosität, weg vom Rucksack**
    In meinem **Weinregal** lagert eine besonders *seriöse* Flasche, die man nur in einem Koffer transportieren darf. In einen *Rucksack* steigt sie nicht ein.

Wenn Sie alle Übungen und Beispiele mitgemacht haben, verfügen Sie jetzt übrigens bereits über Routen mit insgesamt 30 Routenpunkten und können so schon ziemlich lange Vorträge spielend memorieren. Herzlichen Glückwunsch!

Weiterführende Anwendungsgebiete der Loci-Methode

Wenn man die Loci-Methode häufig verwendet und Übung darin bekommt, Dinge an festen eindeutigen Orten abzulegen, wo man sie zuverlässig wiederfindet, lässt sich diese Fähigkeit vortrefflich in Diskussionen verwenden. Zunächst sollte man seinen Gesprächspartner konsequent ausreden lassen, ohne auf einzelne Punkte durch Unterbrechung einzugehen. Man hört aufmerksam zu und merkt sich blitzschnell stichpunktartig sämtliche Argumente in der vorgetragenen Reihenfolge. Ist die Argumentationsreihe beendet, kann man einen Punkt nach dem anderen wieder ins Gespräch bringen beziehungsweise auf jedes einzelne Argument eingehen, ohne dass man einen Zettel zur Hilfe nehmen muss. Sie dürfen mir glauben, dass Sie mit dieser Methode nicht nur als äußerst höflich im Gedächtnis bleiben, sondern Ihren Diskussionspartner auch noch schwer beeindrucken. Und jeder Diskussionspartner kann sich sicher sein, dass Sie ihm wirklich zugehört haben.

Die Loci-Methode bildet im Übrigen auch die Grundlage für die Erstellung eines so genannten Gedächtnispalastes, welcher sehr fantasiereich von Thomas Harris in dem Buch *Hannibal* dargestellt wurde. Bei einem Gedächtnispalast handelt es sich um ein möglicherweise real existierendes oder ausgedachtes großes Gebäude, welches als eine Art Route genutzt wird. Dabei kann jedes einzelne Zimmer, jeder Saal und jedes Verlies innerhalb des Gebäudes eine „Unterroute" darstellen. Harris lässt seinen hochintelligenten, aber äußerst makaber agierenden Protagonisten Hannibal Lecter über einen vollständig imaginären Gedächtnispalast verfügen, der tausendundeinen Raum umfasst und teils äußerst prunkvoll ausgestattet ist. Lecter nutzt diesen allerdings nicht nur zur Informationsverknüpfung, sondern auch als einen Rückzugsort aus der Realität. Eindrücklich beschreibt Harris, wie Hannibal Lecter in den Gedächtnispalast eintritt, auf ein bestimmtes Zimmer zusteuert und dort gezielt die Adresse von Clarice Starling heraussucht, welche auf einem Tableau aus Marmor bildhaft dargestellt ist.[21]

Wenn Sie genügend Fantasie und Ausdauer haben, können Sie sich ebenfalls Routen in Fantasieräumen erstellen, bis Sie einen ganzen Palast, eine Stadt oder gleich einen ganzen Kontinent erschaffen haben. Sie sollten dann nur nicht vergessen, beizeiten auch wieder durch die Realität zu spazieren – sonst gehen Ihnen am Ende noch vor lauter Routenpunkten die dort abzuspeichernden Informationen aus.

Namen und Gesichter merken

Regeln beim Kennenlernen – Genau hinhören, genau hinsehen

In meinen Seminaren gibt es regen Zuspruch, wenn ich auf das Thema „Namen und Gesichter" zu sprechen komme. Viele Menschen sehen hier bei sich einen Mangel an Begabung und vermuten, dass sie „von Haus aus" nur schwer in der Lage sind, sich Namen und Gesichter zu merken. Und hat man sich erst einmal selbst davon überzeugt, dass man die richtigen Namen ohnehin nicht den entsprechenden Personen zuordnen kann, findet man sich damit ab und versucht gar nicht erst, sich Namen wirklich zu merken.

Bedenken Sie jedoch: Gerade im Berufsleben – und natürlich auch im privaten Umfeld – wird es sehr geschätzt, wenn man Kunden, Kollegen und Vorgesetzte mit Namen anspricht.

Bei den eigenen Kollegen wird man wohl eher selten in die Verlegenheit kommen, dass einem die Namen immer wieder entfallen – vor allem, wenn man ihnen nahezu täglich begegnet. Anders ist es, wenn man zum Beispiel Kunden nur in unregelmäßigen Abständen sieht, wie auf Kongressen oder Messen.

Besonders interessant wird es, wenn Kollegen in unvermutetem Umfeld oder mit der „falschen" Kleidung auftauchen: Den Controller, den man nur in Anzug und Krawatte sowie mit korrektem Seitenscheitel kennt, sieht man plötzlich in schwerer Ledermontur, wie er von einem dicken Motorrad steigt und den Helm abnimmt. Oder der Arzt, den Sie ohne seinen weißen Kittel in einem Baumarkt nicht zuordnen können.

Auch diese Herausforderungen sind zu meistern, wie Sie in den folgenden Kapiteln erfahren werden.

Positive Einstellung

Beginnen wir mit der inneren Einstellung: Fast jeder ist in der Lage, sich Namen zu merken, sofern er das Interesse und die Bereitschaft mitbringt, sich mit seinem Gegenüber und dessen Namen auseinanderzusetzen. Gehen Sie also zum nächsten Firmenevent mit der eindeutigen Absicht, sich mindestens zehn neue Namen passend zu den Gesichtern zu merken. Dies wird umso einfacher, je besser Sie die beiden folgenden Punkte beherzigen:

- Jeder Mensch sieht anders aus und verfügt über besondere optische Merkmale – und je mehr Sie sich mit dem Erscheinungsbild von Menschen auseinandersetzen, umso eher wird Ihnen das auffallen. Beim Merken von Namen machen wir uns diese Besonderheiten zu Nutze.
- Namen sind etwas Besonderes und bedeuten dem Einzelnen sehr viel. Sie sind es wert, gemerkt zu werden.

Aufmerksam hinhören und verstehen

Wir möchten gerne einen Namen behalten – dann ist es natürlich zunächst wichtig, dass wir diesen überhaupt richtig verstehen. Andernfalls sind unsere Bemühungen relativ überflüssig. Versuchen wir also, bei der Vorstellung die folgenden Punkte zu beachten:

- Lenken Sie Ihre Aufmerksamkeit hin zu dem Namen. Hören Sie genau zu, wenn sich Ihnen jemand vorstellt.
- Verwenden Sie den gehörten Namen direkt im Gespräch: „Guten Abend, mein Name ist Max Herbst." – „Guten Abend, Herr Herbst, freut mich, Sie kennen zu lernen." Nach Möglichkeit können Sie den Namen auch noch in das Gespräch mit einfließen lassen oder zur Verabschiedung verwenden.
- Wenn Sie einen Namen nicht richtig verstehen: Fragen Sie nach.
- Wenn ein Name Ihnen zunächst besonders schwierig erscheint, erkundigen Sie sich, welchen Ursprung der Name hat und vielleicht sogar, wie man sich diesen Namen merken kann. Sie werden fast immer positive Reaktionen auf dieses Nachfragen und Ihr Interesse bekommen.

Namen zu Bildern wandeln

Nachdem der Name als Wort nun klar und deutlich in unserem Kopf angekommen ist, wollen wir ihn uns natürlich noch eine ganze Weile merken. Da wir uns Informationen ja generell leichter merken, wenn sie als fantasievolle und emotional besetzte Bilder in unseren Köpfen vorliegen, nutzen wir dies auch für das Abspeichern von Namen. Bei einigen funktioniert das spontan, bei anderen machen wir einfach einen Zwischenschritt. Beachten Sie, dass es hier nicht darum geht, sich die Schreibweise eines Namens zu merken, sondern das Klangbild, damit Sie die gewünschte Person während einer Veranstaltung oder beim nächsten Treffen mit Namen ansprechen können.

Grundsätzlich lassen sich Namen in zwei Kategorien unterteilen:

Namen, die eine Bedeutung haben:
Viele Nachnamen lassen sich recht einfach und eindeutig in Bilder umwandeln. Sowohl für Berufe, von denen ja viele Nachnamen abstammen, als auch für andere Namen und deren Schreibvarianten lassen sich schnell Bilder entwickeln.

Weber	–	Ein Mensch an einem Webstuhl
König	–	Eine Krone
Rosenbaum	–	Eine Rose, die einen dicken Baum umrankt
Wol	–	Ein großer grauer einsamer Wolf
Beyer	–	Ein Bayer mit Lederhose

Wenn Sie bereits ein paar Übungen in diesem Buch mitgemacht haben, werden Sie sehr schnell das passende Bild für diese Art Namen im Kopf haben.

Namen ohne offensichtliche Bedeutung:
Im Prinzip haben alle Nachnamen irgendeine Bedeutung, die sich jedoch den meisten Menschen nicht automatisch erschließt, so dass wir uns Bilder überlegen, die dem Klang des Namens entsprechen. Dabei können wir die Namen in Silben zerlegen, wenn uns zum Gesamtnamen keine passende Assoziation vorliegt. Aus den Silben werden Einzelbilder, die wir dann zu einer kleinen Geschichte oder einer Szene verknüpfen.

Kaminski	–	Über dem Kamin wird ein Paar Ski aufgetaut
Gerlach	–	Jemand, der gerne lacht
Faissmann	–	Ein Eismann, der „F"s verkauft
Malek	–	Malt in der Ecke
Rentsch	–	Rennt auf der Ranch

Es bedarf bei dieser Art Namen einer gewissen Übung, um schnell von einem Namen zu einem Bild zu kommen. Setzen Sie Ihre Fantasie und Ihre Kreativität voll ein und assoziieren Sie einfach drauf los. Sie werden merken, dass Sie mit der Zeit immer besser und schneller werden.

Übung: Aus Namen werden Bilder

Jetzt sind Sie dran. Überlegen Sie sich bitte Bilder zu den folgenden Namen:

Pomberg _____

Juraschek _____

Dieboldt _____

Urbanschick _____

Prüfert _____

Schon allein dadurch, dass Sie nach möglichen Bildern gesucht haben, sind Ihnen die Namen nun wesentlich vertrauter. Ich würde die folgenden Bilder wählen:

Pomberg   –   Ein riesiger Pommes-Berg
Juraschek   –   Ein Jurastudent checkt alles
Dieboldt   –   Ein Dieb, der old (alt) ist
Urbanschick   –   Das Uhrband ist schick
Prüfert   –   Ein Prüfer überprüft das „T"

Das Gesicht zum Namen

In den meisten Fällen haben Sie an diesem Punkt die Person, die Sie sich merken wollen, bereits optisch wahrgenommen. Nun lenken Sie Ihre Aufmerksamkeit noch einmal ganz bewusst auf Ihr Gegenüber und vor allem auf sein Gesicht.

Was fällt uns auf? Hat die Person große oder kleine Ohren, leuchtende Augen, eine Stupsnase, einen roten Bart, ein markantes Kinn, ein Muttermal oder eine Glatze? Schauen Sie genau hin – natürlich ohne Ihr Gegenüber anzustarren. Niemanden wird es irritieren, wenn Sie ihm offen ins Gesicht sehen.

Neben dem Gesicht gilt auch die Gesamterscheinung einer Person als wesentliches Erkennungsmerkmal. Ist jemand sehr groß oder sehr klein, steht er schüchtern in der Ecke oder ist der ganze Raum sofort von ihm erfüllt? Auch diese Informationen können Sie natürlich nutzen. Lediglich von Kleidungsstücken als Erkennungsmerkmal rate ich insofern ab, als diese ja morgen bereits ganz andere sein können. Bei den nun folgenden Kapiteln belasse ich es allerdings beim Gesicht.

Gesicht und Namen verknüpfen

Sie haben den Namen genau zur Kenntnis genommen, ihn womöglich im Laufe eines Gespräches mehrmals wiederholen können, und Sie haben sich das Gesicht mit einem markanten optischen Merkmal eingeprägt. Jetzt gilt es, diese beiden Dinge miteinander zu verknüpfen, wie Sie den folgenden Beispielen entnehmen können:

© Valentin Mosichev–Fotolia.com

Herr **Wolf** hat eine *Glatze*.

Ich sehe einen alten einsamen Wolf, der sich auf der wärmenden Glatze von Herrn Wolf zur Ruhe legt.

Frau **Engel** hat hohe *Wangenknochen*.

Ich sehe einen Engel, der die Wangenknochen von Frau Engel nutzt, um von dort zu seinem Schwebeflug – von Wange rechts zu Wange links und wieder zurück – zu starten.

Herr **Kloppenburg** hat sehr feine *akkurate Augenbrauen*.

Ich sehe Herrn Kloppenburg, der auf seiner Burg in eine wüste Klopperei verwickelt ist. Seine akkuraten Augenbrauen sehen jetzt gar nicht mehr so aufgeräumt aus.

Mithilfe dieser Merkmethoden sind die Namen der neuen Kollegen und wichtigsten Kunden schnell gemerkt. Wenn Sie sich nun weiteren Herausforderungen im Beruf stellen möchten – zum Beispiel, indem Sie sich vornehmen, Ihre Studenten alle bereits ab der ersten Seminarstunde mit dem richtigen Namen anzusprechen oder auf dem Kongress noch auf alle Vortragenden vom letzten Jahr zugehen zu können –, dann helfen auch die folgenden Tipps weiter:

- Setzen Sie sich mit Namen auseinander. Wo kommen Nachnamen her, welche Bedeutung haben sie, was sind die häufigsten Namen in den verschiedenen Ländern?
- Wenn Sie bereits ein Bild für einen Namen vor Augen haben, weil Sie zum Beispiel im Bekannten- oder Verwandtenkreis oder auch aus dem öffentlichen Leben bereits eine Person mit diesem Namen kennen, nutzen Sie ruhig das Bild von dieser bekannten Person. Es lässt sich später sehr einfach mit einer fremden Person verknüpfen, indem Sie sich die beiden in Gedanken zum Beispiel küssen oder duellieren lassen.

Prosopagnosie

Wussten Sie, dass es ca. 2% aller Deutschen tatsächlich nur sehr schwer beziehungsweise gar nicht möglich ist, sich Gesichter zu merken? Diese Personen haben eine angeborene oder eine zum Beispiel durch Unfall oder Schlaganfall erworbene „Prosopagnosie". Der Begriff stammt aus dem Griechischen und setzt sich aus den Wörtern *prosopon* – das Gesicht – und *agnosia* – das Nichterkennen – zusammen. Wer eine angeborene Prosopagnosie hat, kann Gesichter zwar als solche identifizieren, jedoch keiner Person zuordnen. Die Betroffenen entwickeln bereits als Kinder alternative Strategien, um ihre Mitmenschen zu erkennen: zum Beispiel an der Stimme, an der Bewegung oder an der Kleidung. Es ist ihnen jedoch meist nicht möglich, ihre Verwandten in einer Menschenmenge zu identifizieren, weil diese Situation kaum Erkennungsmerkmale außer dem Gesicht erlaubt. Das Phänomen der Prosopagnosie ist erst seit ein paar Jahrzehnten bekannt, und es bedarf noch einer großen Aufklärungsarbeit, um zum Beispiel für den Umgang mit betroffenen Kindern zu sensibilisieren.[22]

Vornamen

In manchen Berufen sind Vornamen nur eine weitere Information zu einem bestimmten Menschen, in anderen stellen sie die Hauptinformation dar – sei es weil in der Unternehmenskultur festgeschrieben ist, dass man sich beim Vornamen nennt, oder mit Kindern gearbeitet wird.

Wenn ich in der Kommunikation nur Vornamen benötige, dann verfahre ich genauso wie bei den Nachnamen: Woran erinnert mich der Vorname? Hat er eine Bedeutung, die mir bekannt ist? Kenne ich bereits jemanden, der so heißt? Wesentlich beim Abspeichern ist dabei einfach, dass Sie sich ein Bild zu diesem Vornamen machen können.

Ich persönlich habe mir für Vornamen eine Liste angelegt. Hierin notiere ich jeden neuen Vornamen, der mir begegnet, zusammen mit einem Bild, welches ich mit ihm assoziiere, oder einer Person aus meinem Freundes- und Bekanntenkreis. Mit der Zeit lernt man viele Menschen kennen, die vielleicht gleiche oder ähnliche Vornamen haben, und kann diese schnell memorieren, weil das passende Bild dazu bereits vorhanden ist. Hier einige Beispiele für Vornamen, denen ich Bilder nach ihrem Klang zugeordnet habe:

Anke   – Anker
Marco   – Marco Polo (historische Person oder Modemarke)
Olaf   – Alaaf (Karneval/Fastnacht/Fasching)
Markus   – auf dem Mars gibt's einen Kuss

Manchmal nutze ich auch die ursprüngliche Bedeutung von Vornamen, um zu einem Bild zu gelangen:

Melanie – Schwarz (griechisch: die Schwarze)
Laura   – Lorbeer(-kranz) (lateinisch: laurus = Lorbeer)

Sie werden bemerken, dass die Assoziationen zu Vornamen individuell sehr unterschiedlich ausfallen können. Deshalb möchte ich

Ihnen nahelegen, nun Ihre eigenen Bilder zu den folgenden Vornamen einzutragen. Viel Spaß damit.

Michel   —   _____

Karsten   —   _____

Helge   —   _____

Erika   —   _____

Alexander —   _____

Leo   —   _____

Prima! Mit ein wenig Übung werden Sie schon bald sehen, wie schnell Sie sich Vornamen merken können. Und wie Ihr Bilderrepertoire ständig ausgeweitet wird. Nachstehend nun meine Bilder zu den Vornamen:

Michel   —   Michel (aus Lönneberga – Astrid Lindgren)
Karsten   —   Kasten (Bier)
Helge   —   Helgoland
Erika   —   Erika (Heidekraut)
Alexander —   Alexanderplatz
Leo   —   Löwe (Sternbild)

Für den Fall, dass Vornamen für Sie lediglich eine Zusatzinformation zu einer Person darstellen, können Sie Ihr Vornamenbild einfach in das Gesamtbild integrieren. Herr Wolf heißt zum Beispiel Felix (aus dem Lateinischen = der Glückliche) mit Vornamen. Der Wolf, der es sich im letzten Bild auf der Glatze von Herrn Wolf gemütlich gemacht hatte, lacht nun die ganze Zeit glücklich vor sich hin.

Manch einer bemerkt durch die Beschäftigung mit dieser Thematik, dass Namen großen Spaß machen können, und entdeckt die Onomastik (Namenskunde) gleich als neues Hobby. Schließlich lassen sich im

Internet zahlreiche Namensdatenbanken finden, die über Herkunft, Bedeutung und Verbreitung von Namen Auskunft geben. Spätestens an diesem Punkt sind Namen und Gesichter für Sie derart spannend, dass Sie nicht einen einzigen Namen mehr vergessen möchten.

TIPP:
Um ein möglichst prägnantes Bild von Ihrem Gegenüber zu erhalten, ist es hilfreich, sämtliche angebotenen Informationen zu Ihrem Bild hinzuzufügen. Diese können von der überreichten Visitenkarte stammen – die Sie übrigens nicht einfach achtlos einstecken, sondern immer aufmerksam ansehen sollten –, oder sie ergeben sich aus dem Gespräch. Je größer und eindrucksvoller Ihr Bild, desto unwahrscheinlicher ist es, dass Sie den Namen und das zugehörige Gesicht beim nächsten Zusammentreffen vergessen haben.

Einfache Zahlen und Ziffern merken

Die wichtigsten Zahlen stets parat

Zahlen und Ziffern sind nicht jedermanns Freund. So leicht es dem einen oder anderen fallen mag, sich Telefonnummern, vollständige Produktkennzahlen oder die Preise aller Verkaufsartikel zu merken, so schwer kann es für den anderen sein, sich auch nur an die eigene Handy-PIN zu erinnern. Gerade wenn man es besonders eilig hat und sich unter Druck setzt, kann es passieren, dass man zum Beispiel eine PIN falsch eingibt, die man jeden Tag eher unbewusst richtig eintippt. So aus dem Konzept gebracht, fällt einem die richtige PIN unter Umständen dann auch nicht mehr ein.

Es gibt eine Menge Zahlen, die wir im Kopf haben möchten oder sollten. Natürlich haben wir für die meisten Zahlen alternative Speicherorte wie Laptops, Handys oder auch den guten alten Notizkalender.

Doch gibt es Zahlen, die man dort nicht abspeichern sollte: Die eigene Handy-PIN hat ganz offensichtlich im Handy nichts zu suchen, die Zugangsdaten fürs Onlinebanking gehören nicht in ein Notizbuch und die PIN zur Kreditkarte nicht ins Portemonnaie.

Es wird immer Fälle geben, in denen das eigene Zahlengedächtnis sich als wertvoll erweisen wird. Ich möchte Ihnen nun verschiedene einfache Methoden vorstellen, die es einem ermöglichen, sich die wichtigsten Ziffernfolgen einzuprägen und auch nach einem längeren Zeitraum abrufbar zu halten. Probieren Sie selbst aus, welche Methode Ihnen am meisten zusagt und für Sie am intuitivsten umzusetzen ist.

Ziffern bilden Muster

Zum Merken von PIN-Codes kann es hilfreich sein, sich den Nummernblock auf dem Telefon oder einem Computer vor Augen zu führen und die zu wählenden Ziffern durch imaginäre Linien im Kopf miteinander zu verbinden oder in die Luft zu malen. Das Muster lässt sich sehr einfach merken. Tatsächlich gibt es Menschen, die diese Methode vollkommen unbewusst anwenden. Diese Menschen können ihre PIN manchmal nicht aus dem Kopf sagen, aber sie eintippen, sobald der entsprechende Nummernblock auftaucht.
Die Methode leidet etwas unter der Tatsache, dass Nummernblocks auf Computern nicht mit denen auf einer Telefontastatur oder einem Bankautomaten übereinstimmen.

Ziffern bilden Melodien

Wer sich lieber auf akustischem Wege seine PINs oder Kontonummern merken möchte, der kann Ziffern auch Töne zuordnen. In neueren Smartphones können die Tastentöne zum Beispiel so eingerichtet werden, dass man sich Telefonnummern als mehr oder weniger hübsche Melodien merken kann.
Man kann auch ohne Telefon jeder Ziffer einen Ton zuordnen, um als auditiv veranlagter Mensch Ziffernfolgen in Melodien darzustellen.

Wer also schon immer gut mit dem alten Senso- oder Simon-Spiel umgehen konnte – bei dem ebenfalls Tonfolgen repliziert werden müssen –, für den mag diese Methode besonders geeignet sein.

Ziffern sind Bilder – Visualisierung von Zahlenfolgen

Bilder lassen sich wesentlich leichter im Gedächtnis verankern als Zahlen. Und mit der Geschichte-Methode werden diese Bilder schnell in die richtige Reihenfolge gebracht. Es gibt unterschiedliche Systeme, nach denen man Ziffern in Bilder umwandeln kann. Entscheiden Sie selbst, welche für Sie am einfachsten zu handhaben sind.

Ziffern-Form-Bild

Malt man sich die verschiedenen Ziffern auf, so erkennt man in ihnen bestimmte Formen. Diese Formen lassen sich bei verschiedenen Gegenständen wiederfinden, wie die folgenden Beispiele zeigen:

1 – Taktstock, Stift, Kerze
2 – Schwan, Ente
3 – Busen, Po, Hügel
4 – Segelboot, Stuhl
5 – Haken
6 – Trillerpfeife, Elefantenrüssel
7 – Axt, Brechstange, Angel
8 – Schneemann, Sanduhr
9 – Monokel, Lupe, Tennisschläger
0 – Klobrille, Ei, Ring, Kutschrad

Wenn ich mir nun merken möchte, wann die Quadriga zum ersten Mal auf das Brandenburger Tor gesetzt wurde, weil ich als Reiseleiter kurzfristig die Tour um den Pariser Platz in Berlin bekommen habe, merke ich mir die Jahreszahl 1793 wie folgt: Nachdem ich den **Takt-stock** gekonnt mit der **Axt** zerlegt habe, inspiziere ich durch mein **Monokel** den **Busen** der Göttin in der Quadriga.

Ziffern-Form-Bild

1 Taktstock	**2** Schwan
3 Busen	**4** Segelboot
5 Haken	**6** Trillerpfeife
7 Axt	**8** Schneemann
9 Monokel	**0** Klobrille

Ziffern-Klang-Bild

Bei diesem System kommt es nicht darauf an, wie eine Ziffer aussieht, sondern wonach sie klingt. Sprechen Sie sich die Ziffern laut vor und überlegen Sie, an welchen Begriff Sie ihr Klang erinnert beziehungsweise worauf sie sich reimt. Ich möchte Ihnen einige Reimworte zu den jeweiligen Zahlen vorstellen. Damit es hier nicht zu Verwechslungen kommt, ist es empfehlenswert, auf „Zwo" für Zwei auszuweichen, um sie deutlich von der Drei zu unterscheiden.

1 – Mainz, Heinz

2 – Klo, Stroh, Po

3 – Brei, Hai, Blei

4 – Tier, Bier, Stier

5 – Strümpf

6 – Hex, Klecks, Schecks, Sex

7 – Lieben

8 – Nacht, Jacht, Pracht, Schlacht

9 – Scheun, Moin

0 – Mull (Verbandszeug oder Tier)

Damit ich nun den Notruf – die 110 – nicht mehr vergesse, merke ich mir: Heinz aus Mainz braucht Mull!

Ziffern-Symbol-Bild

Viele Ziffern haben eine symbolische Bedeutung, die in unserem Kopf gleich ein Bild entstehen lässt. Was verbinden Sie zum Beispiel mit der Zahl Sieben? Einige von Ihnen vielleicht die sieben Zwerge, andere die sieben Plagen. Nachstehend finden Sie ein paar mögliche Zahlenbedeutungen:

1 – Sieger, Lorbeerkranz, Formel 1

2 – Zwillinge, Ehepaar, Tanzpaar

3 – Heilige Drei Könige, Dreirad, Schemel

4 – Stuhlbeine, Glücksklee, Vierbeiner, Adventskranz

5 – Hand (fünf Finger), Olympische Ringe

6 – Würfel, Lottogewinn
7 – Todsünden, Zwerge, Sieben-Tage-Woche
8 – Tonleiter, Achterbahn, Achter (Rudern)
9 – Kegeln, Schwangerschaft (neun Monate)
0 – Eis/gefrorenes Wasser, Niete, null Bock

So wird dann aus der Hausnummer der neuen Filiale in Frankfurt – der 281 – der Satz: Die Zwillinge sitzen in der Achterbahn und fühlen sich wie die Sieger.

Übung: Ihre persönlichen Wichtig-Zahlen

Nun können Sie sich überlegen, nach welcher Methode Sie am einfachsten von einer Ziffernfolge zu einer Bildergeschichte kommen. Gelangen Sie eher über einen Reim, die Form oder ein entsprechendes Symbol zu einer Ziffer? Wählen Sie nun eine Methode aus und versuchen Sie, jeder Ziffer mindestens zwei Bilder zuzuordnen. Dies ist vorteilhaft, wenn man sich längere Ziffernkombinationen merken möchte und nicht immer wieder die gleichen Bilder in einer Geschichte auftauchen sollen. Legen Sie einfach los.

	Hauptbild	Alternativbild(er)	
1	_____	_____	_____
2	_____	_____	_____
3	_____	_____	_____
4	_____	_____	_____
5	_____	_____	_____
6	_____	_____	_____
7	_____	_____	_____
8	_____	_____	_____
9	_____	_____	_____
0	_____	_____	_____

Konnten Sie einen „Favoriten" ausmachen? Mir persönlich sagt zum Beispiel das Ziffern-Symbol-Bild-System besonders zu, da ich hier spontan mehrere Assoziationen habe.

Nachdem Sie nun die von Ihnen favorisierten Bilder aus den Ziffern entwickelt haben, wird es Ihnen leichtfallen, sich die folgenden Nummern zu merken:

1. **Handy-PIN: 4670**
Satz/Geschichte:

_____

_____

2. **Kreditkarten-PIN: 3821**
Satz/Geschichte:

_____

_____

3. **Durchwahl des Chefs: 3594**
Satz/Geschichte:

_____

_____

Beantworten Sie nun die folgenden Fragen:
1. Wie lautet die Kreditkarten-PIN?
2. Welche Durchwahl hat der Chef?
3. Wie lautet die Handy-PIN?

Wenn Sie diese Fragen beantworten können, sollten Sie sich an Ihre eigenen Nummern wagen. So werden Sie vermutlich nie in den „Genuss" kommen, bei der Auskunft Ihre eigene Handynummer erfragen zu müssen. Denn was wirklich wichtig ist, haben Sie im Kopf.

Nun möchte ich Ihnen noch meine eigenen Sätze zu den Zahlen vorstellen, die sich auf das Ziffern-Symbol-Bild-System beziehen:

1. **Handy-PIN: 4670**
   Das **Handy** fliegt mitten in den *Adventskranz*, der es wie einen *Würfel* weiter rollert, bis es bei den *sieben Zwergen* vor den Füßen landet. Die schießen es weiter über die gesamte Eisfläche.
2. **Kreditkarten-PIN: 3821**
   Die **Kreditkarte** fährt auf einem *Dreirad* eine *Achterbahnstrecke* entlang, wobei sie ein *Tanzpaar* über den Haufen fährt und sogar den *Formel-1-Wagen* überholt.
3. **Durchwahl des Chefs: 3594**
   Der **Chef** gibt den *Heiligen Drei Königen* die *Hand*, bevor sie anfangen zu *kegeln*. Der Letzte wirft einfach einen *Stuhl* auf die Bahn und das Spiel ist beendet.

Die Kür:
Alle Zahlen im Kopf mit dem Mastersystem

Wenn es Ihnen nicht nur darum geht, sich schnell ein paar Zahlen, Fakten oder Daten zu merken, sondern Sie sich ein System erarbeiten wollen, das Ihnen dauerhaft hilft, sich eine große Menge von Informationen zu merken, dann möchte ich Ihnen nun ein System vorstellen, welches auch den Gedächtnisweltmeistern zum Erfolg verhilft: das Mastersystem, auch Major-System genannt.

Mit diesem System könnten Sie mit einigem Training die ersten tausend Stellen der Zahl Pi aus dem Gedächtnis aufsagen – wenn Sie es denn wollen würden. Bei den meisten meiner Seminarteilnehmer liegen jedoch ganz andere Gründe und Anwendungsfälle vor, die eine Erarbeitung des Mastersystems sinnvoll werden lassen:

- Verkäufer wollen die Preise ihrer Ware und sämtlicher aktueller Angebote im Kopf haben.
- Controller möchten die Zwischenfragen von Vorgesetzten und Abteilungsleitern spontan beantworten können.
- Reiseleiter würden gerne souverän auch mit den Kunden umgehen können, die historisch sehr versiert sind.
- Versicherungsmakler wollen sofort die Fragen nach den Einsparmöglichkeiten und Kosten neuer Produkte beantworten können.
- Journalisten hätten gerne die notwendigen Zahlen im Kopf, die es einem ermöglichen, zum richtigen Zeitpunkt die richtige Frage zu stellen.

Es gibt eine Vielzahl von Möglichkeiten, die ein Erlernen und die Erarbeitung des Mastersystems infrage kommen lassen – und schlussendlich absolviert man allein durch die Erstellung des Systems ein Gehirntraining, das die Kreativität und die geistige Fitness fördert.

Ich persönlich kann Ihnen das Mastersystem uneingeschränkt empfehlen und möchte Sie motivieren, sich die Zeit dafür zu nehmen. Wenn man etwas Neues lernt, ist etwas Engagement notwendig. In diesem Fall ist der Nutzen jedoch derart beeindruckend und sind die Anwendungsmöglichkeiten so vielseitig, dass man ein wenig Übung und Anstrengung gern in Kauf nimmt. Es lohnt sich!

Die Entwicklung des Konsonanten-Codes

Die Grundidee des Mastersystems geht vermutlich auf indische Gedächtniskünstler zurück.[23] In Europa waren es unter anderem Johann

Justus Winckelmann (1648) und Aimé Paris (1825), die sich um eine Weiterentwicklung des Systems bemühten.[24]

Das Mastersystem wurde entwickelt, um sich Zahlenfolgen anhand von Begriffen beziehungsweise Bildern zu merken. Ziffern werden dabei in Buchstaben umgewandelt, aus denen wiederum Begriffe entstehen. Diese Begriffe werden zu intensiven Bildern, welche nachhaltig und eindrucksvoll im Gehirn haften bleiben.

Ein bisschen kann man sich das vorstellen wie eine Chiffriermaschine, die jede Ziffer in Konsonanten umwandelt.

Damit eine Chiffriermaschine funktioniert, müssen Muster vorhanden sein, nach denen chiffriert und schließlich wieder dechiffriert werden kann. Die Grundlagen für das Muster des Mastersystems sehen folgendermaßen aus:

- Jeder Ziffer von 0 bis 9 werden ein oder mehrere Konsonanten oder Konsonantenkombinationen zugeordnet.
- Die Konsonanten werden mithilfe von Vokalen, den Umlauten ä, ö, ü und/oder den Hilfskonsonanten h und y zu Begriffen umgewandelt, welche man sich gut als Bild vorstellen kann.

In der Praxis bedeutet dies:
Der Ziffer 1 sind zum Beispiel die Konsonanten t und d zugeordnet. Um die Zahl 1 in ein Wort umzuwandeln, überlege ich mir einen Begriff, der mit einem t oder einem d beginnt und ansonsten nur aus Vokalen, Umlauten oder den Hilfskonsonanten besteht. Zum Beispiel: **T**ee.

Tee besteht nur aus einem einzigen Konsonanten, der steht wiederum für die 1, also ist Tee mein Masterbegriff für die Zahl 1. Wenn ich eine 1 sehe, stelle ich mir also eine heiße dampfende elegante Teetasse samt Untersetzer vor.

Wie komme ich nun von meiner Ziffer zu dem Konsonanten? Im Prinzip kann sich jeder selbst überlegen, welche Ziffern am besten zu welchen Konsonanten passen. Im Laufe der Jahrhunderte gab es verschiedene Systeme, nach denen die Konsonanten zugeordnet wurden. Nachstehend finden Sie die von mir verwendete Zuordnung.[25]

Mögliche Ziffern-Konsonanten-Zuordnung

Ziffern	Konsonanten	Merkhilfen
0	z, s, ß	Null heißt in einigen Sprachen „zero" – wobei das „z" wie ein „s" gesprochen wird.
1	t, d	„t" hat nur einen senkrechten Strich und klingt in einigen Dialekten dem „d" sehr ähnlich.
2	n	Ein kleines „n" hat 2 senkrechte Striche.
3	m	Ein kleines „m" hat 3 senkrechte Striche.
4	r	„r" ist der vierte Buchstabe in Vier.
5	l	Ein großes „L" stellt – auf der Seite liegend – den oberen Haken der 5 dar.
6	ch, sch	In dem Wort **Sech**s sind die Konsonanten „sch" bzw. „ch" enthalten.
7	g, ck, k	Die Sieben bringt **Glück.**
8	v, w, f	„v" bringen wir mit der 8 dank des **V**8-Motors in Verbindung. **VW** gehört für Autofahrer ohnehin zusammen und das kleine „f" sieht in Schreibschrift einer 8 ähnlich.
9	p, b	Die 9 sieht aus wie ein gespiegeltes „P". Dann nochmal auf dem Kopf wie ein „b". In einigen Regionen Deutschlands wird das „p" sogar als „hartes b" bezeichnet.

Schauen Sie sich nun die Tabelle in Ruhe an und versuchen Sie sich die Eselsbrücken bildlich vorzustellen. Fallen Ihnen für Sie noch näherliegende Merkhilfen ein? Dann nutzen Sie natürlich diese. Wiederholen Sie in Gedanken noch zweimal die Tabelle und lösen Sie dann das folgende Gitterrätsel:

Gitterrätsel

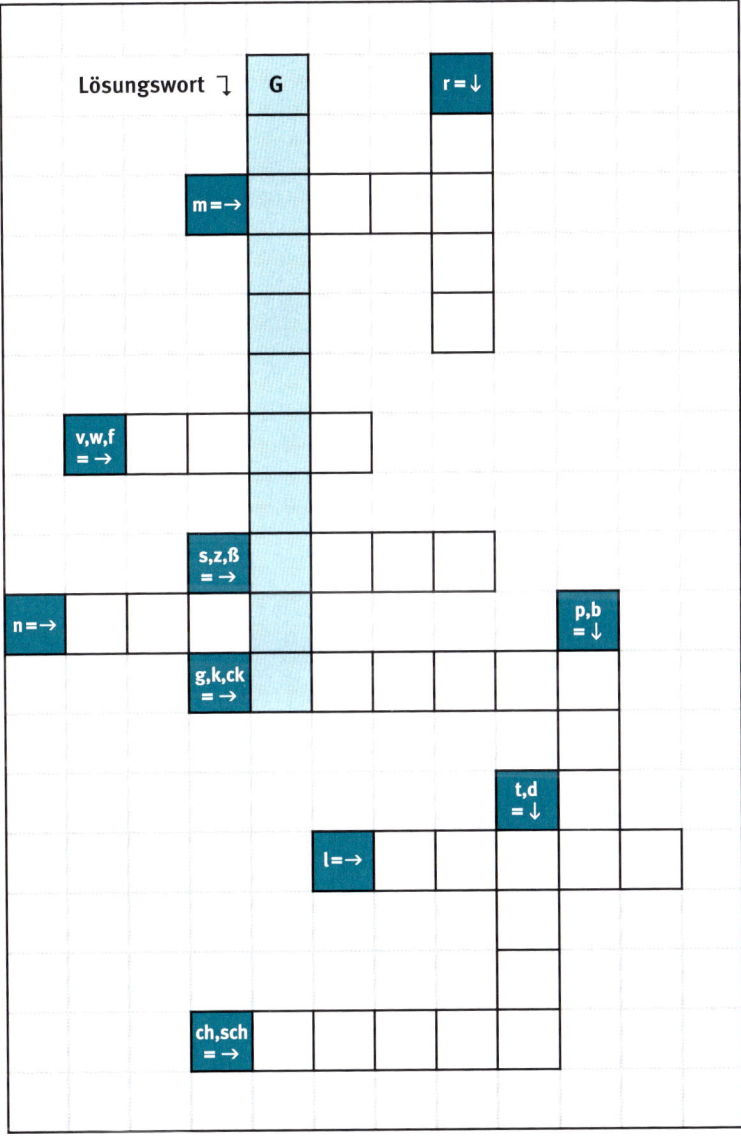

Haben Sie das Lösungswort gefunden? Sehr gut – das Grundgerüst für Ihr Mastersystem haben Sie nun bereits im Kopf. Die Lösung des Gitterrätsels finden Sie im Anhang.

Die Erstellung von Masterbegriffen

Da wir jetzt wissen, welche Ziffern für welche Konsonanten stehen, können wir aus den Konsonanten Begriffe erstellen: die so genannten Masterbegriffe. Diese entstehen – wie beschrieben –, indem Vokale, Umlaute und/oder Hilfskonsonanten (h und y) den Konsonanten zugefügt werden, so dass sich ein Begriff ergibt. Dabei sollten die Masterbegriffe direkt mit dem Konsonanten für die erste Ziffer beginnen – Sie werden später sehen, warum dies nützlich ist.

Fangen wir zur Verdeutlichung einfach mit der Zahl 14 an:
14 besteht aus den Ziffern 1 und 4. Der Masterbegriff beginnt also mit einem t oder einem d und enthält neben Vokalen, Hilfskonsonanten und/oder Umlauten noch ein r.

Beispiele: TIER, TOR, TUERE, TEER

All diese Begriffe könnten als Masterbegriff für die Zahl 14 herhalten. Nun wählen wir den aus, der spontan das deutlichste Bild in uns hervorruft. Ein TIER ist relativ allgemein und lässt sich daher vielleicht weniger gut als Masterbegriff verwenden. Es sei denn, Sie denken bei TIER direkt an Ihren Hund Fiffi, Nachbars freche Katze oder sonst irgendein unverwechselbares Wesen.

Ich habe mich für den Begriff TEER entschieden. Diese schwarze stinkende Masse habe ich nicht nur recht gut vor Augen und auch in der Nase, sie lässt sich später auch hervorragend mit allen möglichen anderen Bildern vermengen – worauf wir noch zurückkommen werden.

Noch ein Beispiel: die Zahl 40.

40 besteht aus einer 4 und einer 0, beginnt also mit einem r und enthält das s oder z beziehungsweise ß. Da finden sich eine Menge Begriffe: **ROSE, RIESE, REIS, REIZ** – um nur einige zu nennen.

Bei der Erstellung von Masterbegriffen gilt es, ein paar Regeln zu beachten, um schließlich ein möglichst einfach zu erlernendes und eindeutiges Mastersystem zu erhalten.

Regeln zur Erstellung von Masterbegriffen

- Der Masterbegriff beginnt mit dem Konsonanten, der stellvertretend für die gewünschte Ziffer steht.[26]
- In dem Begriff dürfen so viele Vokale, Umlaute (ä, ö, ü) und Hilfskonsonanten (h, y) vorkommen, wie Sie möchten.
- Doppelkonsonanten zählen als einfache Ziffer (z.B. TANNE = 12 und nicht 122).
- Der Masterbegriff sollte leicht zu verbildern und für Sie gut einprägsam sein.
- Die Bilder der einzelnen Masterbegriffe sollten sich nicht zu ähnlich sein. Wenn Sie zum Beispiel NIL (25) und SAAR (04) als Masterbegriffe haben, speichern Sie diese nicht beide einfach als „Fluss" im Kopf ab, sondern verwenden Sie Bilder, die sich deutlich voneinander unterscheiden.

Die Zahl 34 im Mastersystem

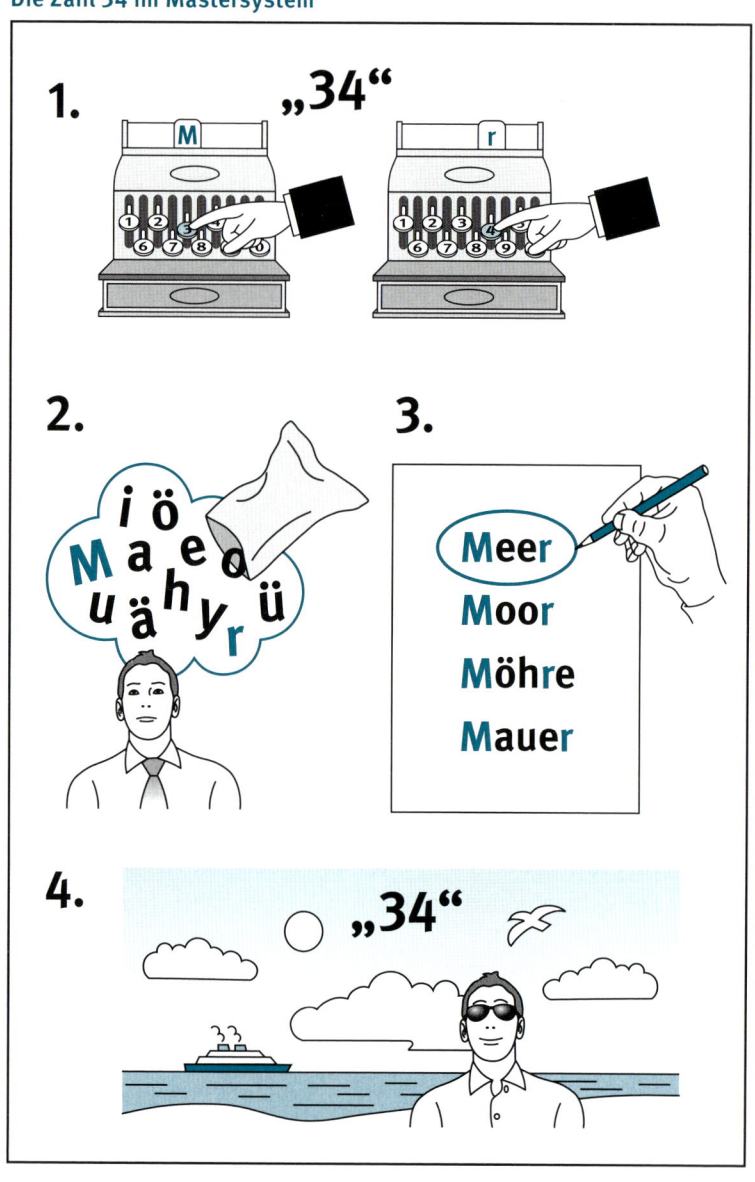

Für fast alle ein- und zweistelligen Zahlen lassen sich einfach Begriffe und Bilder generieren.

Natürlich ist es auch möglich, Begriffe und die dazugehörigen Bilder zu den Zahlen 100 bis 999 oder noch weiter zu kreieren. Allerdings gilt hier zu bedenken, dass Sie dann eine weitaus größere Menge an Begriffen erstellen und sich auch merken müssten. Meiner Meinung nach sind Masterbegriffe bis zur Zahl 99 für den Beruf, den Alltag und ein paar Extravorstellungen vollkommen ausreichend.

Übung: Masterbegriffe selbst erstellen

Nun sind Sie dran. Ich habe ein paar Zahlen ausgewählt, für die sich mehrere Begriffe finden lassen sollten:

16 _____

30 _____

59 _____

70 _____

Sehr gut. Jetzt können Sie schon eigene Masterbegriffe entwickeln. Wir nähern uns dem System der Meister!

Jetzt werden die Masterbegriffe für sämtliche Zahlen von 0 bis 99 erstellt. Die Zahlen werden fest mit den zugehörigen Begriffen verbunden sein und jeder Begriff steht genau für eine Zahl. Die Liste der Masterbegriffe können Sie selbst erstellen oder sich an der Tabelle orientieren, die Sie auf den nachfolgenden Seiten finden. Sie werden feststellen, dass auch die Zahlen 00 bis 09 mit Masterbegriffen belegt sind. Dies erweist sich als sehr nützlich, wenn Nullen in größeren Zahlen vorkommen. Sie müssen dann nicht einzeln als Bild dargestellt werden, sondern können mit der nachfolgenden Ziffer zusammen einem Masterbegriff zugeordnet werden. Beispielsweise wird die Zahl 547608 zu 54, 76, 08, das heißt, ich brauche nur ein Bild für die 08 statt zwei (0 und 8).

Im Übrigen fange ich bei Zahlen immer vorn an, zu Paaren zu gruppieren. Bleibt am Ende eine Einzelzahl, so wird auch diese zu einem Bild. Andernfalls müsste ich ja vorher zählen, wie viele Ziffern eine Zahl überhaupt enthält, was ich vermeiden möchte.

Masterbegriffe von 0 bis 99

Nachstehend möchte ich Ihnen nun eine Auswahl der von mir verwendeten Masterbegriffe vorstellen. In die letzte Spalte können Sie Ihren Begriff eintragen.

Masterbegriffe

Zahl	Masterbegriff	Weitere Vorschläge	Ihr Begriff
0	Sau	See, Zoo, Zeh	
1	Tee	Tau, Thai, Deo	
2	Noah	Neo (Protagonist aus „Matrix")	
3	Maya (Indianer)	Mai, Mühe	
4	Reh	Rio	
5	Lee (Jeans)	Loo (Klo), Leie (Fluss), Leu	
6	Schuh	Schuhe	
7	Kuh	K.o., Kai, Koi	
8	Fee	Fähe (weibl. Wolf/Fuchs)	
9	Po	Bio, Boa, Bau	

Zahl	Masterbegriff	Weitere Vorschläge	Ihr Begriff
10	Tasse	Tussi, Dose, Düse	
11	Tod	Tüte, Toto	
12	Tanne	Ton, Tonne	
13	Team	Dame, Dom	
14	Teer	Tor, Tür	
15	Tal	Taille, Duell, Diele	
16	Tasche	Tisch, Tusche, Tacho, Dach	
17	Theke	Tokio, Dogge, Decke	
18	Taufe	Tofu, Tiefe, Diva	
19	Top (Shirt)	Top (Auto), Typ, Tipp, Taube	
20	Nase	Nässe, Nuss	
21	Note	Niete, Not	
22	Nonne	Nano, Neon	
23	Nemo (Fisch)	Name	
24	Nero	Narr, Niere	
25	Nil	NOLA (Abk. für New Orleans)	
26	Nische	Nacho	
27	Nike	Nokia	
28	Navy	Nivea, Neffe	
29	Nappa (Leder)	Neubau	
30	Moos	Maus, Muse, Mousse, Meise	
31	Matte (Yoga-)	Miete, Motte, Met, Mode	
32	Mohn	Mann (Thomas), Miene	
33	Mama	Mumie	
34	Meer	Moor, Möhre, Mauer	

Zahl	Masterbegriff	Weitere Vorschläge	Ihr Begriff
35	Mehl	Mühle, Müll	
36	Masche (Lauf-)	Macho	
37	Mücke	Maki (Sushi)	
38	Mafia	Mofa, Möwe	
39	Mappe	Mopp, Map (Mind-)	
40	Rose	Ross, Riese, Reise, Reis, Russe	
41	Ratte	Rute, Radio, Rodeo, Rad	
42	Ren	Ruine, Ruin	
43	Rom	Rum, Ruhm, Rama	
44	Rohr	Ruhr, Rührei	
45	Rolle (Prinzen-)	Rille	
46	Rauch	Rausch, Rache	
47	Rocky	Rock, Reck, Reiki	
48	Reif (Arm-)	Riff	
49	Rap	Raupe, Rabe, Robbe, Raub	
50	Lassie (Hund)	Lasso, Laus, Los	
51	Lotto	Latte, Lot, Leid	
52	LAN (Computer)	Leine, Linie, Lohn	
53	Limo	Lehm, Lama, Lima, Leim	
54	Leier	Lira, Lehre, Lara (Croft)	
55	Lolli	Lilie	
56	Loch	Lasche, Lauch, Leiche	
57	Locke	Luke, Lok, Lack, Lego, Liege	
58	Lauf	Lava, Löwe	
59	Lupe	Lob, Laub, Liebe, Lippe	

Zahl	Masterbegriff	Weitere Vorschläge	Ihr Begriff
60	Schuss	Schüsse	
61	Schutt	Schotte	
62	Scheune	Schiene	
63	Schaum	Schumi	
64	Schere	Schauer	
65	Schal	Schule, Scholle, Schale	
66	Schach	Scheich	
67	Schoko	Schock, Scheck	
68	Schaf	Schufa, Schiff	
69	Schippe	Schabe, Schuppe, Scheibe	
70	Käse	Kuss, Kasse, Kiez	
71	Kette	Kitt, Kot, Kutte	
72	Kanu	Kanne, Kahn, Kino	
73	Kamm	Koma, Komma	
74	Karre	Karo, Kur	
75	Kohle	Kohl, Keule, Kilo, Kelle	
76	Koch	Küche	
77	Kacke	Kika, Kaki, Geige, Gag	
78	Kaffee	Kaff	
79	Kappe	Kippe, Kobe, Kuppe, Kap	
80	Fass	Vase, Wiese	
81	Fett	Watte, Fit, Video	
82	Fahne	Föhn, Finne, Wanne, Wein	
83	Femme (fatale)	WM	
84	Fähre	Feier, Feuer, Ware	

Zahl	Masterbegriff	Weitere Vorschläge	Ihr Begriff
85	Falle	Fell, Wal, Wahl	
86	Fisch	Wache, Wäsche	
87	Feige	Wok, Waage	
88	Waffe	Fifa	
89	Wabe	VIP	
90	Bus	Boss, Bussi, Biss, Pass, Pizza	
91	Bett	Boot, Bote, Beet, Beute	
92	Bahn	Biene, Bein, Bühne, Panne	
93	Baum	Boom	
94	Bär	Bar, Bauer, Bier, Brei, Pier	
95	Ball	Beil, Bulle, Pool	
96	Buch	Bauch, Busch, Bach, Pech	
97	Bike	Bock, Puck, Pauke	
98	Bifi (Salami)	Puff	
99	Papa	Baby, Puppe, Pub	
00	Soße	Sissi, SOS, Zeus	
01	Saat	Sitte, Seide	
02	Sahne	Sohn, Sauna, Sonne, Zinn, Zahn	
03	Sumo	Saum, Summe, Zoom	
04	Säure	Saar, Zorro, Zar	
05	Seil	Saal, Säule, Seele, Zoll, Zelle	
06	Seuche	Suche, Sache	
07	Socke	Sake, Sack, Säge, Zug, Ziege	
08	Seife	Sofa, Safe, Zoff	
09	Suppe	Sepp, Sippe, Saab, Sieb	

Meiner Erfahrung nach ist es besonders einfach, die 110 Begriffe zu lernen, wenn man versucht, am Wortanfang immer denselben Konsonanten pro Ziffer zu verwenden – also zum Beispiel nur das t für die 1. Wenn man auf diese Art jedoch keinen passenden Begriff findet, kann man natürlich auf einen Ersatzkonsonanten – in diesem Falle das d – ausweichen.

Und wie merken wir uns nun die Begriffe in unserer Liste? Wir könnten uns an langweilige Schulzeiten und Vokabeltests erinnern, die jeweils linke oder rechte Spalte zuhalten und die Begriffe schnöde auswendig lernen. Müssen wir aber zum Glück nicht.

Wir können uns stattdessen spielerisch unserem System nähern: Bei der nächsten Geschäftsreise können Sie zum Beispiel am Flughafen Zahlen heraussuchen (Flugnummer, Gate etc.) und anhand der Regeln ein Wort konstruieren – oder Sie können sich sogar an den bereits notierten Begriff erinnern. Die Liste könnten Sie als kleinen Spickzettel immer dabei haben. Sie könnten während Taxi- oder U-Bahnfahrten die Begriffe im Geiste hoch und runter zählen. Fallen Ihnen alle ein? Was für ein Bild kommt Ihnen als Erstes in den Sinn? Sind Sie bei einer Zahl oft unsicher? In diesem Fall könnten Sie sich auf die Suche nach einem markanteren Bild begeben. Auf diese Weise werden Sie Ihre Liste optimieren, bis alle Zahlen für Sie nachhaltig visualisiert sind.

Außerdem können Sie ein Karteikartensystem aus den Masterbegriffen bauen. Auf die eine Seite schreiben Sie die Zahl, auf die andere Seite den Begriff – besser noch: Malen Sie das zugehörige Bild. Dieses kleine Spiel kann Sie überallhin begleiten. Ziehen Sie während eines langen Fluges oder in der Mittagspause ein paar Karten heraus und gehen Sie die Begriffe durch. Finden Sie den Begriff für Ihre Wagonnummer oder verknüpfen Sie Ihre Bilder mit den einzelnen Sitznummern im Zug.

Kurz gesagt: Beleben und benutzen Sie das Mastersystem, bis es für Sie zur Selbstverständlichkeit wird. Ist Ihnen dies gelungen, können Sie das Mastersystem nach Ihren Vorstellungen und Bedürfnissen einsetzen und erweitern, bis das für Sie perfekte System entstanden ist.

Der letzte kleine Schritt im Mastersystem liegt nun darin, Begriffe wieder zu entschlüsseln. Für die Masterbegriffe selbst sollte dies kein Problem darstellen, wenn Sie Ihre Liste erst einmal verinnerlicht haben.

Dank der konsequenten Regeln können Sie jedoch auch durch reine Logik von den Begriffen auf eine Zahl schließen, wenn Sie wissen, welcher Konsonant für welche Ziffer steht.

Übung: Begriffe dechiffrieren

Entschlüsseln Sie nun die folgenden Begriffe:

Bar — _____

Schuss — _____

Koma — _____

Zorro — _____

Kahn — _____

Lava — _____

Zoff — _____

Zeus — _____

Wenn Sie sich jetzt diese Begriffe in der vorgegebenen Reihenfolge mit der folgenden kleinen Geschichte merken: „Ich saß in einer BAR, als ein SCHUSS mich traf und ich sofort ins KOMA fiel. Da entführte mich ZORRO und schleppte mich in seinen KAHN, der sogar über

LAVA schwimmen konnte. Als ich aufwachte, machte ich so viel ZOFF, dass ZEUS herabstieg und mich rettete.", dann haben Sie eine furchtbar große Zahl untergebracht, nämlich die 9460730472580800.

Wissen Sie, wie lang ein Lichtjahr ist? Genau: 9.460.730.472.580.800 Meter. Was Sie jetzt aus dem Stegreif angeben können. Hervorragend!

Wie nutze ich das Mastersystem?

Eine Möglichkeit, das Mastersystem zu nutzen, haben Sie mit dem Memorieren der Länge eines Lichtjahres bereits kennen gelernt: Man kann sich große Zahlen merken. Lassen Sie uns nun weitere Einsatzmöglichkeiten entdecken und den Umgang mit dem Mastersystem verfestigen.

Verknüpfung mit der Geschichte-Methode:

Wir merken uns eine 8-stellige Telefonnummer, und zwar die unseres stets hilfsbereiten Abteilungsleiters.
Die Nummer lautet: 99754153
Nach dem Mastersystem wird aus der Nummer: PAPA, KOHLE, RATTE, LIMO.
Also: Der PAPA holt aus dem Keller die KOHLE. Dort trifft er eine RATTE, die ihm eine LIMO anbietet.
Sie können sich den Abteilungsleiter in der Rolle des Papas vorstellen und schon ist die Telefonnummer sicher gemerkt.

Verknüpfung mit der Loci-Methode:

Wenn die Nummern länger werden, ist es sinnvoll, das Mastersystem mit der Loci-Methode zu verknüpfen. Zur Verdeutlichung der Methode merken wir uns jetzt einfach die Zahl 87.652.356.489.753.378.898, auch wenn Sie in der Praxis wohl nicht einmal beim Thema Staatsverschuldung derartige Zahlen verwenden müssen. Dann können Sie die folgenden Begriffe auf Ihrer Körperroute ablegen:

87 65 23 56 48 97 53 37 88 98 = FEIGE, SCHAL, NEMO, LOCH, REIF, BIKE, LIMO, MÜCKE, WAFFE, BIFI

Los geht's:
1. Mit den **Füßen** stehe ich in einer warmen, matschigen FEIGE.
2. Um die **Knie** habe ich einen SCHAL gebunden, so dass ich nicht gehen kann.
3. Auf mein **Gesäß** habe ich in weiß-orange NEMO tätowiert.
4. Mein **Bauchnabel** gleicht einem schwarzen LOCH, in dem alles verschwindet.
5. Um die **Brust** habe ich mir einen REIF gelegt, so dass ich kaum Luft bekomme.
6. Unter die **Achselhöhle** habe ich mein BIKE geklemmt, was ganz schön schwer ist.
7. Meine **Schulter** habe ich mit LIMO beschmiert, so dass diese jetzt richtig klebt.
8. In meinen **Mund** ist mir gerade eine MÜCKE geflogen.
9. Jemand drückt mir eine WAFFE genau gegen meine **Nase**.
10. Meine **Haare** habe ich mit vielen BIFI-Würsten zu Locken aufgedreht.

Kein schöner Anblick. Aber merkenswert!

Übung: Kennzahlen für Wertpapiere auswendig wissen

Stellen Sie sich vor, Sie würden beruflich Wertpapiere handeln. Diese waren früher durch eine Wertpapierkennnummer zu identifizieren, heutzutage gilt die zwölfstellige Buchstaben-Zahlen-Kombination ISIN (International Securities Identification Number), die aus den Buchstaben für den Ländercode sowie Ziffern und manchmal weiteren Buchstaben besteht. Wie diese Nummern entstanden sind, soll uns an dieser Stelle nicht interessieren, auch nicht, wie sie sich genau zusammensetzen. Mögen sie uns hier einfach als Beispiel für merkenswerte Zahlenreihen dienen.

Nachfolgend stelle ich Ihnen fünf ISINs von fiktiven Unternehmen vor und demonstriere Ihnen, wie Sie sich diese mithilfe des Mastersystems merken können, um zum schnellsten Händler der Frankfurter Börse zu werden. Schließlich wollen Sie für jede Neuemission innerhalb kürzester Zeit auch die zugehörige Kennzahl parat haben!

Unternehmen	ISIN
Briefzusteller AG	AB0001247526
Laufschuhe AG	AB0001793164
Fernsehsender AG	AB0001816262
Wattestäbchen AG	AB0002194107
Jonglierbälle AG	AB0002283108

Betrachtet man diese Nummern, erkennt man, dass das AB000 bei allen Posten vorkommt, so dass ich mir nur noch die jeweils siebenstelligen Endziffern zu merken brauche, wenn ich das Wertpapier eines Unternehmens aus dem – nicht existenten – Land mit dem Kürzel AB gewählt habe.

Beginnen wir mit der **Briefzusteller AG** = AB000 **12 47 52 6**

Nach dem Mastersystem ergeben sich also die folgenden Bilder:
TANNE, ROCKY, LAN (Computer), SCHUH

Auch die Briefzusteller AG bekommt ein Bild, damit die Zahl der richtigen Firma zugeordnet werden kann.

Mit der Geschichte-Methode erhalten wir zum Beispiel folgendes Ergebnis:

Ich werfe meinen **Brief** ganz oben in die TANNE und lasse ihn von ROCKY wieder runterholen, der dafür einen Computer (Bild für LAN) nach oben schmeißt. Von oben wird ein SCHUH zurück geworfen, damit ich endlich weggehe.

Jetzt sind Sie an der Reihe. Tragen Sie die jeweiligen Masterbegriffe ein, die sich aus den ISINs beziehungsweise den zu merkenden Zahlen ergeben, und verbinden Sie diese in einer Geschichte mit der zugehörigen Firma:

1. **Laufschuhe AG** – AB000 **17 93 16 4**

Masterbegriffe _____

Geschichte: _____

2. **Fernsehsender AG** – AB000 **18 16 26 2**

Masterbegriffe _____

Geschichte: _____

3. **Wattestäbchen AG** – AB000 **21 94 10 7**

Masterbegriffe _____

Geschichte: _____

4. **Jonglierbälle AG** – AB000 **22 83 10 8**

Masterbegriffe _____

Geschichte: _____

Sehr gut. Vermutlich waren Sie bei der vierten Geschichte schon viel schneller als bei der ersten.

Weitere Vorteile des Mastersystems

- Mit den Masterbegriffen für die Zahlen von 1 bis 99 haben wir gleichzeitig eine Route für die Loci-Methode. Denn in Gedanken können Sie die 99 Bilder „abschreiten" und diese mit den zu merkenden Informationen verknüpfen. Sie würden zum Beispiel sofort zur Information Nr. 17 – also zur THEKE – schreiten können, was dieses System noch effektiver macht.

- Das Mastersystem basiert auf einem Ziffern-Buchstaben-Code, den wir für Merksätze verwenden können. Aus Jahreszahlen werden so die Anfangsbuchstaben für Worte und einfache Sätze. (1974: Deutschland wurde Fußballweltmeister = **D**ie **B**allakrobaten **g**ewinnen **r**uhmreich).

Und zurück zu unseren gemerkten ISINs. Welche waren es?

Wattestäbchen AG _____

Jonglierbälle AG _____

Fernsehsender AG _____

Laufschuhe AG _____

Konnten Sie sich bereits die ISINs von drei oder sogar allen vier Unternehmen merken? Kompliment!

Je öfter Sie das Mastersystem in Ihrem Alltag einsetzen werden, umso schneller werden Ihnen Bilder und Geschichten zu den zu merkenden Zahlen einfallen.

Nachfolgend noch meine Verknüpfungen:

1. **Laufschuhe AG:** Ich verstecke mich in einem **Laufschuh** und setze mich mutig an die THEKE. Ein BAUM kommt vorbei, greift nach meiner TASCHE und hängt sie dem REH um.

2. **Fernsehsender AG:** Ein **Fernsehsender** filmt eine TAUFE. Die genervte Gemeinde steckt ihn in eine TASCHE und räumt diese in eine NISCHE, wo bereits die Arche NOAH wartet.

3. **Wattestäbchen AG:** Mit einem **Wattestäbchen** schiebe ich die NIETE (Los) dem BÄR zu, der aus lauter Frust eine sehr große TASSE über die KUH neben ihm stülpt.

4. **Jonglierbälle AG:** NONNE und FEMME (fatale) werfen sich **Jonglierbälle** zu. Da dies so hervorragend funktioniert, fügen sie den Bällen noch eine TASSE hinzu. Eine FEE beobachtet dieses Treiben und applaudiert begeistert.

Übung: Die wichtigsten Termine des Monats

Stellen Sie sich vor, Sie haben einen kleinen Blumenladen, der sich auf Raum- und Festdekoration spezialisiert hat. Um im Voraus optimal planen zu können, gehen Sie zu Beginn eines Monats die wichtigsten Termine durch, um diese für die weitere Planung stets parat zu haben. Also werden diese am besten im Kopf abgespeichert. Ihre Termine im Monat April sind die folgenden:

02.04., 13 Uhr − Lieferung der Dekoration für die Gemeindefeier
des Bürgermeisters ins Gemeindehaus
05.04., 17 Uhr − Trauerkranz für den Dorfpfarrer zum Friedhof
12.04., 8 Uhr − Blumen für die Kirche zur Kommunionsfeier
18.04., 7 Uhr − Lieferung an die Seniorenresidenz
22.04., 15 Uhr − Extrastrauß für Tante Hilde
27.04., 16 Uhr − Lieferung an den Tennisclub
30.04., 10 Uhr − Lieferung an den Bingoclub

Bei genauer Betrachtung der Daten fällt auf, dass gar nicht so viele Informationen wirklich „merkenswert" sind: Alle Termine liegen im April, also benötigen Sie lediglich die erste Zahl des Datums. Die Termine finden zudem alle zur vollen Stunde statt, so dass auch die Uhrzeit mit nur einem Bild gemerkt werden kann. Zu guter Letzt kann man auch noch die „Blumen" an sich weglassen – schließlich sind Sie Blumenverkäuferin und müssen sich ihr eigenes Produkt nur gesondert vor Augen führen, wenn es eine Ausnahme darstellt.

Also werden nur Tag, Uhrzeit und ein Bild für den jeweiligen Lieferort verknüpft. Dies könnte für den ersten Termin so aussehen:
Tag: 02 = SAHNE; Uhrzeit: 13 = TEAM; Ort: Gemeindehaus

Verknüpfung:
Die SAHNE regnet auf das TEAM herunter, das gerade aus dem **Gemeindehaus** kommt.

Verknüpfen Sie nun die übrigen Termine zu einem Bild oder einer kleinen Szene:

Tag: 05 = _____; Uhrzeit: 17 = _____; Ort: Friedhof

Verknüpfung: _____

Tag: 12 = _____; Uhrzeit: 8 = _____; Ort: Kirche

Verknüpfung: _____

Tag: 18 = _____; Uhrzeit: 7 = _____; Ort: Seniorenresidenz

Verknüpfung: _____

Tag: 22 = _____; Uhrzeit: 15 = _____; Ort: Tante Hilde

Verknüpfung: _____

Tag: 27 = _____; Uhrzeit: 16 = _____; Ort: Tennisclub

Verknüpfung: _____

Tag: 30 = _____; Uhrzeit: 10 = _____; Ort: Bingoclub

Verknüpfung: _____

Nun gehen Sie alle Ihre Verknüpfungen noch einmal durch und beantworten Sie die folgenden Fragen (Lösungen im Anhang):
1. Ist der Termin am 12.04. um 8 Uhr bereits vergeben?
2. Was mache ich am 27.04. um 16 Uhr?
3. Wann erhält Tante Hilde ihren Extrastrauß?
4. Wann erfolgt die Lieferung an den Bingoclub?
5. Wer bekommt am 18.04. eine Lieferung?

Konnten Sie diese Fragen aus dem Kopf beantworten? Dann sind Sie langsam auf dem Weg, Ihren Terminkalender nur noch zu Kontrollzwecken zu benötigen.

Nun wie üblich noch ein Verknüpfungsvorschlag für Ihre Übung:
Tag: 05 = LEE (Jeans); Uhrzeit: 17 = THEKE; Ort: Friedhof
Verknüpfung: Ich wische mit der LEE schnell die THEKE sauber, weil sich alle Besucher des **Friedhofs** angekündigt haben.

Tag: 12 = TANNE; Uhrzeit: 8 = FEE ; Ort: Kirche
Verknüpfung: Die TANNE wurde von einer FEE verzaubert und lässt in der **Kirche** Glitzer auf die Kommunionkinder rieseln.

Tag: 18 = TAUFE; Uhrzeit: 7 = KUH; Ort: Seniorenresidenz
Verknüpfung: Bei der TAUFE erscheint eine KUH, die lauter **Senioren** als Blumenkinder mitgebracht hat.

Tag: 22 = NONNE; Uhrzeit: 15 = TAL; Ort: Tante Hilde
Verknüpfung: Eine NONNE rennt ins TAL hinab und stößt unten direkt mit **Tante Hilde** zusammen.

Tag: 27 = NIKE; Uhrzeit: 16 = TASCHE; Ort: Tennisclub
Verknüpfung: Der NIKE-Schuh tritt gegen die TASCHE, damit endlich der **Tennis**schläger rausfällt.

Tag: 30 = MOOS; Uhrzeit: 10 = TASSE; Ort: Bingoclub
Verknüpfung: Im MOOS liegt eine TASSE und träumt von einem entspannten Nachmittag im **Bingoclub**.

Vokabeln und Fremdwörter kreativ lernen und abspeichern

Auch wer bereits fest im Berufsleben steht, kann die Möglichkeit ergreifen, eine neue Fremdsprache oder zahlreiche neue Fachbegriffe zu erlernen. Sei es, weil das Unternehmen internationaler wird, Kollegen aus anderen Ländern einsteigen oder neue Fachgebiete integriert werden. Bei den herkömmlichen Lernmethoden ist unser Vorwissen für die Einprägsamkeit von Vokabeln und Fremdwörtern sehr hilfreich. Hat man bereits eine oder zwei Fremdsprachen erlernt, fällt es einem vermutlich leichter, eine weitere hinzuzufügen, sofern diese denselben Ursprung hat. Bei Fremdwörtern ist es oft von Vorteil, wenn man irgendwann Latein oder Griechisch gelernt hat, weil dort meist der Ursprung der Wörter zu finden ist.

Schwieriger scheint es, wenn zuvor keine Fremdsprache erlernt wurde oder man zum Beispiel vom romanischen zum slawischen Sprachraum wechselt. Plötzlich klingen alle Laute fremd und es lässt sich nicht mehr intuitiv auf die Bedeutung der Vokabeln schließen. Dabei gibt es verschiedene Wege, sich einer Sprache zu nähern – wie Sie den nachfolgenden Anregungen entnehmen können.

TIPP: Mit Freude Sprachen lernen

- Leben Sie die Sprache.
- Kochen Sie Gerichte des Landes oder gehen Sie in ein entsprechendes Lokal, studieren Sie die dortigen Essgewohnheiten und Speisekarten.
- Hören Sie Musik oder Geschichten aus dem jeweiligen Land in der zugehörigen Sprache.
- Setzen Sie sich mit der Geschichte des Landes auseinander und informieren Sie sich über wichtige Daten, Feiertage und Rituale.
- Lernen Sie „Land und Leute" kennen.
- Verwenden Sie die neue Sprache, wo immer es Ihnen möglich ist. Am besten funktioniert dies, wenn man sich Freunde sucht, die ebenfalls diese Sprache sprechen.

Das Vokabular der neuen Sprache können Sie natürlich – genau wie Fremdwörter – per Karteikarten und Wiederholungen lernen. Ich möchte Ihnen nun jedoch eine weitere Möglichkeit vorstellen, sich Wörter einzuprägen: mithilfe der eigenen Muttersprache. Und dafür bedarf es keiner gesonderten Vorkenntnisse.

Vom Hören und Verknüpfen

Die nachfolgende Technik, die beim Lernen von Vokabeln und Fremdwörtern zum Einsatz kommt, nennt sich Ersatzwort- oder Schlüsselwort-Methode. Der Ursprung dieser Methode lässt sich heute nicht mehr genau feststellen. Tatsache ist, dass sie in der einen oder anderen Form bereits vor Jahrhunderten als bekannt vorausgesetzt wurde.[27]

Die heute gängige Form der Schlüsselwort-Methode wurde in mehreren Studien untersucht. Hervorzuheben ist hier eine Studie aus dem Jahr 1974, als Michael R. Raugh und Richard C. Atkinson englische Studenten überprüften, die mithilfe der Schlüsselwort-Methode russische Vokabeln lernen sollten. Das Ergebnis war beeindruckend: Die Schlüsselwort-Methode führte zu einem teils erheblich besseren Ergebnis als „herkömmliches" Vokabelnlernen.[28] Diese Studie verhalf der Schlüsselwort-Methode zu einer größeren Popularität in der heutigen Zeit. Schauen wir sie uns nun genauer an.

Die Methode funktioniert in zwei Schritten:
Beispiel: *franz.* **gare** = **Bahnhof**
1. Schritt: Anhand des Klanges einer fremden Vokabel wird in der Muttersprache ein Wort gesucht, das dem neuen Wort ähnlich ist.
gare klingt wie **gar** (deutsch = durchgebraten/gekocht)

2. Schritt: Das aus der Muttersprache bekannte Wort – also das Schlüsselwort – wird mit der tatsächlichen Bedeutung des fremden Wortes verknüpft.

Am **Bahnhof** sind die Würste immer **gar**.

Meist benutzen wir allerdings mehrere Schlüsselwörter, da sich nicht immer ein gleichklingendes Pendant in der Muttersprache finden lässt. Ähnlich klingende Silben erfüllen hier genauso ihren Zweck wie ganze Wörter:

Beispiel: *franz.* **valeur = Wert**

1. Schritt: *valeur* [valör] klingt wie eine Mischung aus **Wald** und **Öre**.

2. Schritt: Ein **Wald** voller **Öre** ist viel **wert**.

Die Methode mutet zunächst etwas ungewöhnlich an. Was hat ein Wald mit Ören zu tun? Rein logisch erst einmal gar nichts – aber durch Fantasie und Kreativität wurden sie in unserem Gehirn miteinander verknüpft und sind mit „Wert" in Verbindung gebracht worden. Die Vokabel sitzt.

Übung: Lateinische Begriffe

Jetzt können Sie selbst ausprobieren, wie die Schlüsselwort-Methode wirkt – Sie werden merken, dass Ihr Gehirn die entstandenen Brücken wirklich nutzt. Dazu habe ich Ihnen zunächst ein paar lateinische Ausdrücke zusammengestellt. Latein ist insofern ein praktisches Beispiel, als es keine spezifische Aussprache hat – also so ausgesprochen wird, wie man es liest.

primo loco = an erster Stelle

1. Schritt = **primo loco** klingt wie _____

2. Schritt = Ihre Verknüpfung:

_____

spiritus rector = leitender Geist

1. Schritt = **spiritus rector** klingt wie _____

2. Schritt = Ihre Verknüpfung:

_____

non serviam = Ich will nicht dienen

1. Schritt = **non serviam** klingt wie _____

2. Schritt = Ihre Verknüpfung:

_____

Auch ist es gut, einige lateinische Ausdrücke parat zu haben, für den Fall, dass ein Kollege damit beeindrucken will – besser, Sie wissen, was damit gemeint ist.

Nachfolgend möchte ich Ihnen meine Assoziationen zu den Vokabeln vorstellen:
primo loco = Ein **prima Lokus** (Klo) steht *an erster Stelle* auf der Wunschliste.
spiritus rector = Der **Rektor** liebt den **Spiritus**, um ein *leitender Geist* zu werden.
non serviam = Die **Nonne serviert**, weil *ich nicht dienen will*.

Weitere Beispiele und Übungen zu diesem Thema finden Sie in den Praxisbeispielen.

Beispiel: Fremdwörter

Bei Fremdwörtern wird genauso verfahren wie bei den Vokabeln. Auch hier wird in zwei Schritten vorgegangen: hören und verknüpfen.

Beispiele:

Pomologe = Fachkraft für Obstbau
Als Fachkraft hält der **Po Monologe** über den Obstbau.

Exsikkat = getrocknete Pflanzenprobe (botanisch)
Die **Echse** sieht, wie die Pflanze **sickert**, bis sie vollkommen ausgetrocknet ist, und nimmt dann eine Probe.

Mit dieser Methode können Sie sich spielerisch die Fachbegriffe Ihres neuen Einsatzgebietes aneignen, auch wenn die Methode für Sie zunächst ungewohnt ist und aufwändig erscheint. Sie werden schnell merken, dass Vokabeln und Fremdwörter als ausgefallene Bilder – und scheinen sie auch noch so weit hergeholt – hervorragend in Ihrem Gedächtnis haften bleiben.

Weitere Praxisbeispiele aus dem beruflichen Alltag

Jetzt, wo Sie die wichtigsten Methoden zur Gedächtnisoptimierung kennen, empfiehlt es sich, diese auch gleich in ein paar Übungen anzuwenden. Denn für das Gedächtnistraining gilt das Gleiche wie für jede Sportart oder erworbene Fertigkeit: Erst das richtige Training bringt den Erfolg.

Auf den nachfolgenden Seiten finden Sie Übungen, welche unterschiedliche Bereiche aus der Arbeitswelt behandeln, sowie Verweise auf die angewandten Methoden, welche Sie bei der Lösung der Übungen unterstützen sollen.

Es ist empfehlenswert, wenn Sie sich immer mal wieder eine Übung vornehmen und nicht schon beim ersten Lesen alle Übungen am Stück durcharbeiten. Zumal es dabei auch zu „Überlagerungen" auf häufiger verwendeten Routen kommen könnte – wie zum Beispiel auf der Körperroute.

Nehmen Sie sich einfach etwas Zeit für die Übungen oder suchen Sie sich einzelne von ihnen heraus, die Ihrem Arbeitsgebiet oder Ihrem Interesse entsprechen. Schauen Sie sich zwischen dem Einprägen verschiedenster Informationen und dem Überprüfen der Antworten einfach für ein paar Minuten schöne Bilder an oder holen Sie sich einen Kaffee, um später wirklich erkennen zu können, wie gut Sie die Daten und Fakten behalten haben.

Übungen, die zusätzliche Tipps zu den Merktechniken enthalten, sind mit einem 🗅 gekennzeichnet und dienen der Erweiterung Ihrer Techniken. Nun wünsche ich Ihnen viel Spaß bei der Erprobung Ihrer neu erworbenen Fähigkeiten.

Eine Rede ohne Spickzettel halten

Angewandte Methode: Loci-Methode
Stellen wir uns vor, wir wollen als Geschäftsführer eines mittelständischen Unternehmens eine Rede zur Weihnachtsfeier halten. Zunächst können wir die Rede ausformulieren. Diese könnte folgendermaßen aussehen:

„Liebe Kolleginnen und Kollegen,

ich freue mich ganz besonders, dieses Jahr anlässlich unserer traditionsreichen Weihnachtsfeier ein paar Worte an Sie richten zu dürfen. Zunächst einmal möchte ich mich herzlich bei allen Mitarbeiterinnen und Mitarbeitern für die großartige Zusammenarbeit bedanken. Gerade dieses Jahr war – wie wir alle wissen – wirtschaftlich gesehen kein einfaches Jahr. Die Zeichen standen immer wieder auf Sturm, obwohl wir mit unserer langjährigen Erfahrung und unserer fest gesicherten Position im Markt auf einer sehr gesunden Basis stehen. Immer wieder mussten wir den Forderungen des Marktes nach Preissenkungen und Kostenreduktionen begegnen.

Liebe Kolleginnen und Kollegen, wir haben dieses Jahr gemeistert, ohne Personal abzubauen oder Standorte zu schließen. Wir konnten sogar einen leichten Umsatzanstieg in Höhe von 3,2 % verbuchen, was ein sehr beachtlicher Erfolg ist. Vor allem angesichts der Tatsache, dass es ein paar Konkurrenzunternehmen nicht geschafft haben, bei dieser Marktsituation erfolgreich zu bleiben. Ich bin daher stolz, sagen zu können, dass wir uns dieses Jahr großartig geschlagen haben. Und das vor allem durch Ihr persönliches Engagement und Ihre Unternehmenstreue.

Nun möchte ich kurz über die bevorstehende Änderung im Management reden: Herr Dr. Winkelschieber, unser langjähriger IT-Abteilungsleiter, wird sich in den wohlverdienten Ruhestand begeben. 37 Jahre lang hat Herr Dr. Winkelschieber Großartiges für diese Firma geleistet. Er hat dafür gesorgt, dass unsere Firma immer auf dem neusten technischen Stand war und alle Mitarbeiter stets verlässliche Ansprechpartner hatten.

Herr Dr. Winkelschieber, wir gönnen Ihnen Ihren Ruhestand von Herzen und wünschen Ihnen für die Zukunft viel Vergnügen im Kreise Ihrer Kinder und Enkelkinder, obgleich ich doch sagen darf, dass Sie dieser Firma sehr fehlen werden. Natürlich können wir uns auch insofern auf Ihren Instinkt verlassen, dass Sie selbstverständlich mit Frau Dr. Maigrün eine sehr fähige Nachfolgerin auserkoren haben. [Hier sollte ich kurz Frau Dr. Maigrün zunicken.]

Liebe Kolleginnen und Kollegen, ich wünsche uns nun gemeinsam ein wunderbares Fest und Ihnen und Ihren Familien eine gesegnete Weihnacht. Und jetzt: Das Büffet ist eröffnet."

Ihre freie Rede sollten Sie nicht wortwörtlich auswendig lernen, da sonst die Gefahr besteht, dass sie hölzern klingt. Überlegen Sie sich einfach Stichpunkte zu Ihrer Rede, die dann mit der Loci-Methode auf einer Route abgelegt werden. Diese Route schreiten Sie dann im Laufe Ihrer Rede in Gedanken ab und lassen so keinen wichtigen Aspekt aus. Dabei bleibt es Ihnen überlassen, wie „engmaschig" Sie sich Stichpunkte merken wollen.

TIPP: Warum Sie Reden im Job grundsätzlich frei halten sollten

- Freie Reden wirken souveräner und wie die persönliche Meinung des Vortragenden. Beim Ablesen könnte der Eindruck entstehen, dass Sie die Meinung eines Dritten vortragen.
- Sie können während der Rede Ihr Auditorium ansehen und auf mögliche Reaktionen eingehen.
- Einzelpersonen werden durch Blickkontakt gezielter angesprochen.
- Sie brauchen keine Spickzettel und stehen so nicht im Regen, weil diese möglicherweise durcheinandergebracht wurden oder Sie Ihre eigene Handschrift nicht mehr lesen können.

Wollen Sie möglichst dicht an Ihrem Ursprungstext bleiben? Dann könnten Ihre Stichpunkte vielleicht die folgenden sein:

1. Traditionsreiche Weihnachtsfeier
2. Großartige Zusammenarbeit
3. Wirtschaftlich kein einfaches Jahr
4. Langjährige Erfahrung
5. Position im Markt
6. Preissenkung
7. Kostenreduktion
8. Personal
9. Standorte
10. Umsatzanstieg von 3,2 %
11. Pleite der Konkurrenten
12. Unternehmenstreue
13. Dr. Winkelschieber
14. Ruhestand
15. 37 Jahre
16. Neuster technischer Stand
17. Verlässliche Ansprechpartner
18. Frau Dr. Maigrün
19. Gesegnete Weihnacht
20. Büffet eröffnen

Sind Sie hingegen das freie Reden bereits gewöhnt und benötigen nur noch wenige Stichpunkte für den Fall, dass Sie aufgrund einer Störung den Faden verlieren, reichen vielleicht die folgenden Punkte:

1. Zusammenarbeit
2. Sturm
3. Umsatzanstieg
4. Dr. Winkelschieber
5. Frau Dr. Maigrün
6. Büffet eröffnen

Diese können Sie jetzt zum Beispiel auf einer Route durch Ihr heimisches Arbeitszimmer verankern, wobei Sie in diesem Fall nur die ersten sechs Stationen benötigen. Natürlich können Sie auch auf eine bereits bekannte Route zurückgreifen, wenn diese gerade nicht „belegt" ist, oder einfach die nachfolgende nutzen.

1. Heizung	**6. Kalender**
2. Schreibtisch	**7. Stehlampe**
3. Fenster	**8. Sofa**
4. Regal	**9. Stehpult**
5. Garderobe	**10. Medizinschrank**

Bitte tragen Sie Ihre Verknüpfungen nun hier ein:

1. _____

_____

2. _____

_____

3. _____

_____

4. _____

_____

5. _____

_____

6. _____

_____

Arbeitszimmerroute

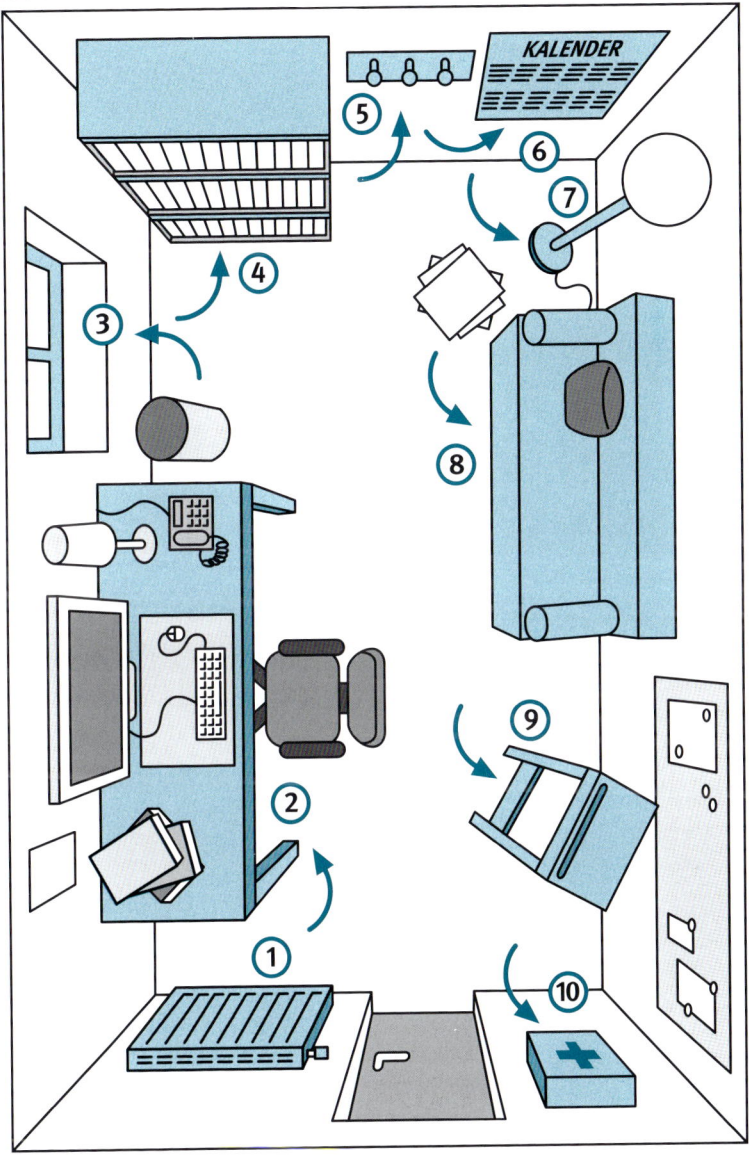

Meine Verknüpfungen:

1. 100 kleine Wichtelmännchen reinigen in bester *Zusammenarbeit* die **Heizung**.
2. Ihr **Schreibtisch** ist auf das Meer hinausgeweht worden und schwankt dort dem *Sturm* trotzend dahin.
3. Der Geldhaufen vor Ihrem **Fenster** ist so *stark angestiegen*, dass Sie es nicht mehr aufbekommen.
4. In Ihrem **Regal** sitzt *Herr Dr. Winkelschieber.* Er hat Ihre ganzen Aktenordner rausgeschubst!
5. *Frau Dr. Maigrün* sitzt auf Ihrer **Garderobe** und behält den Überblick.
6. Der **Kalender** fällt von der Wand direkt in das *Büffet,* so dass alles auseinanderspritzt.

Selbst wenn Sie jetzt mitten in Ihrer Rede durch was auch immer unterbrochen werden sollten, braucht Sie das nicht aus der Ruhe zu bringen: Sie können Ihre Route einfach dort wieder aufnehmen, wo Sie sie verlassen haben, und die Rede zu Ende halten.

Bewusstes Zuhören im Verkaufsgespräch

Angewandte Methode: Loci-Methode
Wenn Sie viel Kundenkontakt haben, wissen Sie wahrscheinlich, dass nicht alle Kunden mit einer konkreten Anforderungsliste in der Hand auf Sie zukommen. Meist ergibt sich erst im Laufe eines Gespräches, was ein Kunde wirklich wünscht. Als souveräner Berater oder Verkäufer lassen Sie den Kunden natürlich aussprechen und merken sich im Stillen die für Sie und die Verkaufsentscheidung relevanten Informationen.

In diesem Beispiel sind Sie ein Technik-Fachverkäufer, der einem recht unbedarften Kunden einen Computer verkaufen möchte. Sie fragen, was der Kunde wünscht, und erhalten die folgenden Informationen:

„Eigentlich weiß ich gar nicht, warum ich mir schon wieder einen neuen Computer kaufen soll. Im Prinzip bin ich mit meinem alten ganz zufrieden, obwohl der doch schon ziemlich langsam ist. Und laut. Meine Enkeltochter meinte jetzt, dass ich einen neuen brauche. Wissen Sie, ich fotografiere gerne und mache auch ziemlich viele Fotos mit meiner Digitalkamera. Aber mit Computern kenne ich mich eigentlich nicht gut aus. Obwohl es da ein Programm gibt, das meine Fotos ganz gut verwaltet, da finde ich jetzt sogar alles wieder. Meine Frau nutzt den Computer auch manchmal, sie schreibt gerne Gedichte und verschickt sie an alle möglichen Freunde. Was können Sie mir empfehlen?"

Dieser Kunde hat Ihnen einige Informationen gegeben, aus denen Sie auf seine Anforderungen schließen können. Sie sollten sich aus dem Gespräch die folgenden Punkte gemerkt haben:

1. Computer
2. Schnell (der alte war zu langsam)
3. Leise (der alte war zu laut)
4. Ein Fotoverwaltungsprogramm
5. Viel Speicherplatz (Datenmenge durch Fotografien)
6. Großer und guter Monitor (um Fotos anzusehen)
7. Ein Textverarbeitungsprogramm
8. Ein E-Mail-Programm

Legen Sie nun die aufgeführten Stichpunkte auf Ihrer Körperroute ab:

1. _____

   _____

2. _____

   _____

3. _____

   _____

4. _____

_____

5. _____

_____

6. _____

_____

7. _____

_____

8. _____

_____

Verknüpfungsvorschlag:

1. Ich stehe mit meinen nackten **Füßen** auf einem *Computer*. Das fühlt sich warm an und kribbelt ein bisschen.
2. Meine **Knie** wackeln ganz *schnell* hin und her, hoffentlich falle ich nicht um.
3. In meiner **Gesäß**tasche klingelt ganz *leise* mein Handy, damit es niemanden stört.
4. Auf meinen nackten **Bauch** habe ich ganz viele *Fotos* gestapelt, die alle durcheinander sind.
5. Mein **Dekolleté** ist mit lauter *Speicher*platten beklebt.
6. In meiner **Achselhöhle** klemmt ein riesengroßer *Monitor*.
7. Ich balanciere auf meiner **Schulter** einen großen Berg Papier, auf dem eine Menge *Text* steht.
8. Aus meinem **Mund** fliegt eine *Mail* nach der anderen.

Schon kann ich den Kunden zu einem passenden Computer bringen, der über viel Speicher verfügt, ihm zudem einen riesigen Monitor empfehlen sowie das große Software-Komplettpaket, damit auch der neue Computer das leistet, was der Kunde sich wünscht.

Termine im Kopf

Angewandte Methoden: Mastersystem, Monatsbilder

Wenn Sie sich in Ihrem Beruf viele Daten merken wollen, sollten Sie diese so weit wie möglich vereinfachen beziehungsweise kategorisieren. Der 14. Dezember, der 08. Januar, der 28. Februar und der 15. März sind zum Beispiel die Termine für die Meilensteine Ihres Projektes. Für die Tage nutzen wir das Mastersystem – was man auch mit den Monaten tun könnte. Für den Fall, dass Sie sich viele Termine übers Jahr verteilt merken wollen, kategorisieren Sie, indem Sie Bilder für jeden einzelnen Monat festlegen.

Die Bilder für die zwölf Monate könnten zum Beispiel so aussehen:

Monatsbilder

Monat	Bildvorschläge	Ihr Bild
Januar	Schneemann (Winterferien)	
Februar	Herz (Valentinstag)	
März	Schneeglöckchen (Frühlingsanfang)	
April	Regen (Aprilwetter)	
Mai	Maikäfer	

Monat	Bildvorschläge	Ihr Bild
Juni	Sonne (Sommersonnenwende)	
Juli	Parade (4. Juli: Unabhängigkeitstag USA, 14. Juli: Nationalfeiertag Frankreich)	
August	Fußballstadion (Beginn der Fußballsaison)	
September	Rote Blätter (Herbstanfang)	
Oktober	Oktoberfest, Tag der Deutschen Einheit	
November	Martinszug	
Dezember	Geschenke, Weihnachtsbaum	

Dies sind alles relativ allgemeingültige Bilder. Natürlich können Sie auch persönlichere Angaben wählen, wie zum Beispiel Eheringe für den Monat, in dem Sie geheiratet haben, oder einen fröhlichen älteren Herrn für den November, weil Ihr Onkel Herbert im November Geburtstag hat. Wählen Sie einfach etwas, was für Sie unverwechselbar und eindeutig für einen Monat steht.

Kommen wir nun zurück zu den Meilensteinen unseres Projektes: Nehmen wir an, Sie sind Eventmanager, und die Meilensteine für das Aktionärstreffen im Frühjahr wären die folgenden:

1. Saal und Inventar gemietet   bis 14. Dezember
2. Catering: Anbieter ausgewählt und bestellt   bis 08. Januar
3. Abendprogramm organisiert   bis 28. Februar
4. Vollständige Gäste- und Rednerliste   bis 15. März

Ich verknüpfe also:

1. Einen pompösen Bankett-**Saal** (= Saal und Inventar) mit TEER und einem *Weihnachtsbaum* (Dezember).
   Hier stelle ich mir einen mit Weihnachtsbaumschmuck und Kerzen geschmückten Saal vor, über dessen Tische stinkender Teer tropft.
2. Einen perfekt gekleideten **Kellner** (= Catering) mit SEIFE und *Schneemann* (Januar).
   Ich stelle mir einen Kellner vor, der auf einer Seife an allen Tischen vorbeischliddert und gemeinsam mit dem dicken Schneemann serviert.
3. Eine **Big-Band** (= Abendprogramm) mit der NAVY und einem *Herzen* (Februar).
   Ich sehe eine Big-Band, die das Lied „In the navy" spielt und dabei kitschige rosa Herz-Luftballons aufsteigen lässt.
4. Eine meterlange **Liste** (= Gäste und Redner) mit TAL und *Schneeglöckchen* (März).
   Hier bietet sich das Bild von einer Schriftrolle an, die ins Tal abgewickelt wird, bis sie die Schneeglöckchen zudeckt.

Sie werden nun für jeden Ihrer Projektschritte schnell den Abschlusstermin im Kopf haben.

Ausgefallene Kennwörter merken

Angewandte Methoden: Ziffern-Form-Bild, Geschichte-Methode

Nach dem derzeitigen technischen Stand müssen wir uns viele Kennwörter merken: eines für jeden Online-Shop, in dem wir bestellen, eines für das Online-Banking, eines für jede Social Community, vielleicht noch eines oder mehrere für die Firmen-PCs oder -Handys etc. Aus Bequemlichkeit neigen wir dazu, uns entweder ganz einfache Passwörter auszudenken – wie vielleicht den Namen des Nachbarhundes oder ganz einfache Ziffernfolgen – oder ein einziges komplizierteres Passwort, das wir dann überall benutzen. Beides gilt als ausgesprochen bedenklich.[29] Es gibt daher zurzeit Systeme, die einen auffordern, mindestens achtstellige alphanumerische Kennwörter zu verwenden. Noch sicherer fährt man übrigens, wenn man mindestens zehnstellige alphanumerische Passwörter verwendet, die Groß- und Kleinbuchstaben sowie Sonderzeichen (also zum Beispiel $%&) beinhalten.[30] Doch wer kann derartige Passwörter schon im Kopf behalten?

Nun, auch für diese Herausforderung halten die Merkmethoden eine einfach zu handhabende Lösung bereit. Wie man Ziffernfolgen „merkbar" macht, wurde in den vorangegangenen Kapiteln ausführlich erörtert. Wie baut man nun Klein- und Großbuchstaben in die zu merkenden Sätze oder Geschichten ein? Und wie Sonderzeichen?

Für die Buchstaben gibt es ein recht einfaches System. Es werden Begriffe aus einer bestimmten Kategorie gewählt, die mit dem zu merkenden Buchstaben beginnen. Wählen wir als Kategorie zum Beispiel „Tiere" aus, könnten wir uns die Buchstaben A, B, C mit den Wörtern Affe, Büffel und Chamäleon merken. Die Groß- und Kleinschreibung wird verdeutlicht, indem wir für Kleinbuchstaben Büffel-Kind oder Büffel-Baby einsetzen. Wenn Sie sich mit Tieren nicht so gut auskennen, können Sie natürlich eine andere Sparte wählen, innerhalb derer Sie jeden Buchstaben besetzen können – vielleicht wissen Sie noch eine Kategorie, bei der Sie in „Stadt-Land-Fluss" immer sehr gut waren? Sie könnten auch afrikanische Pflanzen oder gesunde Nahrungsmittel wählen.

Um Großbuchstaben von Kleinbuchstaben zu unterscheiden, kann man auch andere Methoden verwenden: Wer viel reist, hat vielleicht für jeden kleinen Buchstaben eine Stadt, für jeden Großbuchstaben ein Land. Für die Buchstaben XY und Q müssen allerdings manchmal Ersatzbilder herangezogen werden.

Zur Verdeutlichung des Systems können wir mit einem einfachen Kennwort anfangen: **57gT6408**. Wir verwenden hier als Beispiel die Ziffern-Form-Bild-Methode sowie die Geschichte-Methode. Aus den Begriffen Haken, Axt, Giraffenbaby, Tiger, Trillerpfeife, Segelboot, Klobrille und Schneemann entwickeln Sie nun eine kleine Geschichte.

Ihre Geschichte:

_____

_____

_____

Vorschlag für eine Geschichte:
Ich löse den _Haken_ mit einer _Axt_, um das _Giraffenbaby_ zu befreien, damit der _Tiger_ mit der _Trillerpfeife_ es nicht fängt. Dann setze ich es in ein _Segelboot_ und wir fahren durch die _Klobrille_ raus in die Kälte und bauen einen tollen _Schneemann_.

Wenn Sie das Mastersystem beherrschen, brauchen Sie sogar nur die Begriffe: LOCKE, Giraffenbaby, Tiger, SCHERE und SEIFE, mit denen Sie sich eine Geschichte überlegen können.

Zum noch besseren Kennwort fehlen uns jetzt noch die Sonderzeichen. Wenn wir viele Passwörter benötigen oder uns an den empfohlenen Wechselturnus für Passwörter halten wollen[31], ist es hilfreich, sich Bilder für die Sonderzeichen zu überlegen. Diese könnten Folgende sein:

Sonderzeichen auf den Computertasten 1 bis ß (deutsche Tastatur)

Zeichen	Beschreibung	
!	Faust, die auf den Tisch haut	
"	Gänsefüße	
§	Richter mit weißer Perücke	
$	Geld	
%	Sommerschlussverkauf	SSV
&	Kaufmann	
/	Umfallendes Holzbrett	
(	Schmollender Mund	
)	Lachender Mund	
=	Bahnschienen	
?	Kleiderbügel	

Kombiniert mit dem Mastersystem und unter nochmaliger Verwendung der Tierbuchstaben könnte sich für das Kennwort **92§pA)?7617** eine Geschichte ergeben.

Ihre Geschichte:

_____

_____

_____

_____

Vorschlag für eine Geschichte:
In der BAHN treffe ich einen *Richter*, der ein *Pinguinbaby* streichelt. Plötzlich kommt eine Durchsage, dass der große *Affe* mit dem *lachenden Mund* seinen *Kleiderbügel* beim KOCH an der THEKE abholen soll.

Auf diese Weise macht es sogar Spaß, sich zehn verschiedene Passwörter zu merken!

Den Ablaufplan für eine Tagung parat haben

Angewandte Methoden: Mastersystem, Loci-Methode, Farbskala
Als Personalreferentin in einem großen Unternehmen haben Sie ein Seminar organisiert, um mit Ihren Kolleginnen und Kollegen Teambildung in die Praxis umzusetzen. Die Tagung ist straff von Ihnen geplant. Obwohl Sie den Tagungsablauf per E-Mail an alle Teilnehmer geschickt haben und auch im Foyer nochmals ein Plan hängt, werden Sie oft gefragt, welcher Punkt denn wann auf dem Programm stehe. Dank der richtigen Merkmethoden können Sie diese Fragen exakt beantworten.

Agenda:
1. 10.00 Uhr – Begrüßung durch den Geschäftsführer
2. 10.15 Uhr – Gruppenarbeit
3. 12.15 Uhr – Mittagspause
4. 13.30 Uhr – Präsentationen der Gruppenarbeit
5. 14.30 Uhr – Vortrag des Leiters Personalentwicklung
6. 15.15 Uhr – Kaffeepause
7. 16.00 Uhr – Volleyball in der Gartenanlage
8. 19.30 Uhr – Gemeinsames Grillen
9. 20.45 Uhr – Nachtwanderungsrallye in Gruppen
10. 22.00 Uhr – Siegerehrung

Wie können Sie diese Informationen am einfachsten behalten? Wenn Sie sich häufiger Termine merken wollen oder längere Veranstaltungsabläufe im Kopf parat haben sollten, ist es sinnvoll, auch die Uhrzeiten zu kategorisieren. Die meisten Termine, die man hat, beginnen entweder zur vollen Stunde oder zu einer Viertelstunde. Es ist also in diesem Fall nicht notwendig, sich die Zahlen für die Minuten gesondert zu merken, wenn man zum Beispiel mithilfe von Farben einfach die Viertelstunden kategorisieren kann:

- Termine, die um Viertel (nach) X Uhr beginnen, sind rot.
- Termine, die um halb X Uhr beginnen, sind gelb.
- Termine, die um drei viertel (Viertel vor) X Uhr beginnen, sind grün.
- Termine, die zur vollen Stunde beginnen, brauchen keine Farbe.

Nun können Sie das Mastersystem für die Stundenangaben wählen und diese mit einer Farbe für die Viertelstunde, dem zu merkenden Ereignis und einem Ort auf Ihrer Loci-Route verknüpfen. Für unser Beispiel benutzen Sie bitte wieder die Büroroute, welche Sie auch im Anhang unter „Tabellen und Routen" finden.

1. _____
   _____

2. _____
   _____

3. _____
   _____

4. _____
   _____

5. _____
   _____

6. _____
   _____

7. _____
   _____

8. _____
   _____

9. _____
   _____

10. _____
    _____

Verknüpfungsvorschlag:

1. 10.00 Uhr: An der **Tür** steht der *Geschäftsführer* und gibt Ihnen zur Begrüßung eine TASSE.
2. 10.15 Uhr: Am **Lichtschalter** klebt eine in *Gruppenarbeit* fabrizierte rote TASSE.
3. 12.15 Uhr: An der **Garderobe** hängt ein *Schweinebraten*, der mit einer roten TANNE verziert ist.
4. 13.30 Uhr: Im **Schirmständer** steckt ein *Beamer*, der das Bild von einem TEAM in Gelb an die Decke wirft.
5. 14.30 Uhr: Im **Bücherregal** sitzt *der Leiter Personalentwicklung*, der während seines Vortrages mit gelbem TEER überschüttet wird.
6. 15.15 Uhr: Im **Mülleimer** steht ein *Kaffeeautomat*, auf dem ein rotes TAL abgebildet ist.
7. 16.00 Uhr: In der **Pflanze** steckt ein *Volleyball*, der aus einer TASCHE herausgefallen ist.
8. 19.30 Uhr: Am **Fenster** kleben *Grillwürste*, die ich in mein gelbes TOP gesteckt habe.
9. 20.45 Uhr: Das **Wandgemälde** stellt einen *dunklen Wald* dar, in dem Gruppen herumirren, die sich ihre grüne NASE stoßen.
10. 22.00 Uhr: Im **Aktenschrank** steht ein *Riesenpokal*, der von einer NONNE überreicht wurde.

Termine auf die Minute genau merken

Wenn die Termine ganz genau zu merken sind – wie zum Beispiel Abfahrtszeiten von Bus und Bahn –, werden auch die Minuten mit dem Mastersystem oder einem anderen Ziffern-Bild-System memoriert.

Beispiel: Ihr ICE nach Hamburg fährt um 20.48 Uhr los, dann merken Sie sich mit dem Mastersystem: Der ICE dreht der Reeperbahn eine lange NASE, durch die ein silberner REIF als Piercing gestochen ist.

Sie können sich so viele bunte Geschichten und Bilder ausdenken, wie Sie mögen: Sie werden das zu merkende Ereignis schnell wiedererkennen und der richtigen Uhrzeit zuordnen können.

Netzwerktreffen – Die wichtigsten Kontakte speichern

Angewandte Methode: Namen und Gesichter merken
Soziale Netzwerke sind vor allem dann nützlich, wenn es einem gelingt, sich die Namen und Gesichter der gewünschten Personen tatsächlich auch zu merken. Mit der richtigen Methode stellt dies kein Problem dar.

Stellen Sie sich vor, Sie gehen zu einer Veranstaltung, welche Unternehmer, Freiberufler und Politiker aus Ihrer Umgebung zusammenbringt. Als Journalist für die örtliche Tageszeitung interessieren Sie sich natürlich für die unterschiedlichsten Personen. Auf die folgenden Kontakte wollen Sie später sicher zurückgreifen können und überlegen sich dementsprechende Verknüpfungsbilder:

© ArtmannWitte – Fotolia.com

Frau Sommerbier,
Rechtsanwältin, Fachanwältin für Arbeitsrecht

_____

_____

© Robert Kneschke – Fotolia.com

Herr Wellenbrink, Finanzberater

_____

_____

Herr Harburg, Bürgermeister

_____

_____

Frau Dorfmeister, Besitzerin der Reitsportanlage
„Donner und Klawitter"

_____

_____

Herr Brandauer, Steuerberater

_____

_____

Frau Wollmer,
Besitzerin der Altstadtapotheke

_____

Herr Opperkamp,
Besitzer des Bioladens „Grüner Essen"

_____

_____

Frau Schmidtke-Schuster,
Leiterin der Spedition „Funkelmacher"

_____

_____

Frau Beerbusch,
Inhaberin der Friseurkette „Beerbuschs Schere"

_____

_____

Herr Taufertshoefer,
Besitzer des Autohauses „Brummi"

_____

_____

Machen Sie nun ruhig eine längere Pause, bevor Sie die folgenden Fragen beantworten:

1. Wer ist das?

_____

_____

_____

2. Wie heißt der Besitzer des Autohauses „Brummi"?

_____

3. Wie heißt die örtliche Reitsportanlage und wem gehört sie?

_____

4. Wer ist das?

_____

_____

_____

5. Wer ist Fachanwältin für Arbeitsrecht?

_____

6. Wem gehört die örtliche Friseurkette?

_____

7. Wer ist das?

_____

_____

_____

8. Wem gehört der Bioladen?

_____

9. Wie heißt der Bürgermeister?

_____

10. Was macht Herr Wellenbrink beruflich?

_____

Die Lösung können Sie – wenn Sie sich nicht ganz sicher sein sollten – dem Anhang entnehmen.

Nun meine Verknüpfungsvorschläge:

1.  Frau Sommerbier,
Rechtsanwältin, Fachanwältin für Arbeitsrecht
Die **Haare glänzen**, weil sie den ganzen *Sommer* mit *Bier* gewaschen wurden, das nun auf die *Arbeitsverträge* tropft.

2. Herr Wellenbrink, Finanzberater
Viele *Wellen* bringen seine **Haare durcheinander**, wobei das *Geld* darin kleben bleibt und jetzt *Beratung* braucht.

3.
Herr Harburg, Bürgermeister
Die **Augenbrauen** türmen sich wie die *Haare* zu einer *Burg*, so dass der *Bürgermeister* einschreiten muss.

4.
Frau Dorfmeister, Besitzerin der Reitsportanlage „Donner und Klawitter"
Alle im *Dorf* haben Respekt vor den **spitzen Zähnen** der *Meisterin*, die ihre *Pferde* durch *Donner* und *Gewitter* reitet.

5.
Herr Brandauer, Steuerberater
In der **Brille** spiegelt sich der *Brand*, der nicht lange *dauert*, weil er vom *Berater gesteuert* ist.

6.
Frau Wollmer, Besitzerin der Altstadtapotheke
Die **Augenbrauen** sahen aus wie ein *Woll-Meer*, so dass sie in der alten *Apotheke* sehr **ordentlich gezupft** wurden.

7.
Herr Opperkamp,
Besitzer des Bioladens „Grüner Essen"
In seinem **Bart** sitzt ein *Opa* mit einem *Kamm*, mit dem er Muster in *grünes Essen* macht.

8.
Frau Schmidtke-Schuster,
Leiterin der Spedition „Funkelmacher"
Auf den **weißen Zähnen** kämpft ein *Schmied* gegen einen *Schuster*, so dass *Funken gemacht* werden, die von einer *Spedition* weggefahren werden.

9.  Frau Beerbusch, Inhaberin der Friseurkette „Beerbuschs Schere"
In ihren **kurzen Haaren** wachsen *Beeren* zu einem *Busch*, die mit einer *Schere* abgeschnitten werden.

10. Herr Taufertshoefer,
Besitzer des Autohauses „Brummi"
Ein *Brummi* kommt von der *Taufe* und *fährt* über die *Höfe*, bis er auf der **spitzen Nase** parkt.

Der perfekte Veranstaltungsüberblick – Was finde ich wo?

Angewandte Methoden: Dinge miteinander verknüpfen, Wochentagsbilder

In unserem jetzigen Beispiel sind Sie Veranstaltungsmanagerin in einem Businesshotel. Dort wird insofern bereits mit Bildern gearbeitet, als man seinen Veranstaltungsräumen eindrucksvolle Namen gibt: Raum Orient, Saal Madagaskar oder ähnlich klangvolle Bezeichnungen lassen sich sowohl für die Angestellten als auch für die Gäste viel leichter merken als die Bezeichnungen „Saal 1, Saal 2" usw.

Nehmen wir an, in solch einem Hotel wollen Sie sich merken, welche Veranstaltung in den nächsten Tagen in welchem Saal stattfindet, um Ratsuchenden Auskunft geben zu können. Wie können Sie sich das einfach und schnell merken? Mit eindrucksvollen Verknüpfungen!

In dem Hotel gibt es die folgenden Veranstaltungsräume:

- Saal Paris
- Saal Moskau
- Saal Venedig
- Kaminzimmer
- Burgkeller

Für den heutigen Donnerstag haben sich die folgenden Gästegruppen angekündigt:

1. Saal Paris   – Lehrerkonferenz
2. Saal Moskau   – Fortbildungsveranstaltung für Chirurgen
3. Saal Venedig   – Mitarbeitertreffen eines Softwareunternehmens
4. Kaminzimmer   – Vorstandstreffen eines Getränkekonzerns
5. Burgkeller   – Verkaufsschulung eines Kochtopfherstellers

Bitte tragen Sie jetzt mögliche Bilder oder Szenen zur Verknüpfung der Informationen ein:

1. _____

2. _____

3. _____

4. _____

5. _____

Verknüpfungsvorschlag:

1. Hunderte *Lehrer* ziehen mit Klassenbüchern auf dem Kopf durch den **Arc de Triomphe**.
2. Der **Rote Platz** wird von grün gekleideten *Chirurgen* fein säuberlich auseinandergeschnitten.
3. Viele *Programmierer* quetschen sich in eine **Gondel** neben der Rialtobrücke und tippen in ihre *Computer*.
4. Riesengroße *Limodosen* lagern um den **Kamin** herum und versuchen das Feuer zu löschen.
5. Ganz viele *Kochtöpfe* fallen die Treppe zum **Keller** der **Burg** herunter, was ein mächtiges Geklapper verursacht.

Für den heutigen Tag haben Sie auf diese Weise sehr deutliche Bilder gefunden. Doch was können Sie tun, wenn Sie sich Derartiges jeden

Tag zu merken haben und es zu keiner Verwechslung kommen soll? Verstauen Sie einfach Zusatzinformationen in Ihren Bildern – zum Beispiel die Wochentage:

Wochentagsbilder

Wochentag Bild

Montag	Müdigkeit	
Dienstag	Dienstmarke	
Mittwoch	Berg(fest)	
Donnerstag	Donner (Gewitter)	
Freitag	Freitag der 13. (schwarze Katze)	
Samstag	Fußball-Bundesliga	
Sonntag	Kuchen (Sonntagskaffee)	

Wenn die oben aufgeführte Raumverteilung nun für einen Freitag wäre, könnte man die Bilder folgendermaßen erweitern:

1. Die hundert *Lehrer* unter dem **Arc de Triomphe** brauchen das Klassenbuch, um die *schwarzen Katzen* zu vertreiben.
2. Die *Chirurgen* kommen zum **Roten Platz** und jeder hat eine *schwarze Katze* auf dem Arm.
3. Die *Programmierer* werden auf der **Gondel** von einer *schwarzen Katze* gefahren.
4. Die *Limodosen* werden beim Feuerlöschen im **Kamin** von einer *schwarzen Katze* unterstützt.
5. Die *Kochtöpfe* fallen noch schneller in den **Keller**, weil eine *schwarze Katze* sie anschubst.

Wenn die Wochentage in Ihrem Job eine große Rolle spielen, ist die Zuordnung der einzelnen Tage sehr hilfreich. Wollen Sie sich längere Perioden einprägen, können Sie natürlich auf das Mastersystem zugreifen und sich das Datum merken, um mehr unterschiedliche Bilder für die Zuordnung zur Verfügung zu haben.

Stichpunkte merken für das nächste Abteilungsmeeting

Angewandte Methode: Loci-Methode
Sie moderieren das nächste Gruppenmeeting und sollen darauf achten, dass alle wichtigen Gesprächspunkte auch Erwähnung finden. Auch hier wollen Sie ohne Spickzettel agieren.

Vorbereitung: Notieren Sie sich oder zeichnen Sie eine Route durch Ihr Badezimmer mit zehn Routenpunkten. Sobald Sie die Route sicher im Kopf haben, können Sie sich dem nächsten Teil widmen.

Ihre Badezimmerroute:

1. _____

2. _____

3. _____

4. _____

5. _____

6. _____

7. _____

8. _____

9. _____

10. _____

Merken Sie sich die folgenden Stichpunkte, die Sie im nächsten Abteilungsmeeting unbedingt der Agenda gemäß ansprechen wollen, in der richtigen Reihenfolge, indem Sie diese mit Ihren Routenpunkten verknüpfen:

1. Neue Mitarbeiter
2. Neue Produktionsstätte USA
3. Vertriebsziele
4. Aktuelle Umsatzzahlen
5. Betriebsjubiläum
6. Gehaltsverhandlungen
7. Weiterbildung
8. Anmietung neuer Räume
9. Rauchverbot
10. Verabschiedung der Pensionäre

Verknüpfen Sie nun Ihre Routenpunkte mit den zu merkenden Stichpunkten:

1. _____

2. _____

3. _____

4. _____

5. _____

6. _____

7. _____

8. _____

9. _____

10. _____

Wenn Sie später im Meeting sitzen, können Sie zwischendurch jederzeit Ihr Badezimmer in Gedanken abschreiten und so sehen, ob auch alle dort vorhandenen Informationen besprochen wurden.

Zum folgenden Lösungsvorschlag stelle ich Ihnen jetzt ein Fantasiebadezimmer vor, in welchem ich dann die Stichpunkte ablege:

1. **Handtuchhalter**	6. **Toilette**
2. **Spiegel**	7. **Klopapierrolle**
3. **Seifenspender**	8. **Klobürste**
4. **Badewanne**	9. **Waschmaschine**
5. **Dusche**	10. **Wäschekorb**

Die Verknüpfungen könnten folgendermaßen aussehen:

1. Über meine **Handtuchhalter** habe ich meine *neuen Mitarbeiter* gelegt. Da passen so einige drauf.
2. Auf den **Spiegel** hat jemand die Flagge der *USA* gemalt. Da male ich gleich noch eine *Produktionsstätte* dazu.
3. Im **Seifenspender** wühlen die *Vertriebsmitarbeiter* nach ihren *Zielen*.
4. In der **Badewanne** schwimmen ganz viele Papierschiffe, die ihre Waren miteinander tauschen und dabei einen schönen *Umsatz* machen.
5. Über meiner **Dusche** prangt ein goldener Lorbeerzweig, weil sie schon lange in *Betrieb* ist und nun *Jubiläum* feiert.
6. Auf dem **Toilettensitz** stehen schon wieder zwei Mitarbeiter und *verhandeln* über *Geld*! Wenn da mal keiner runterfällt.
7. Auf der **Klopapierrolle** befindet sich das gesamte *Weiterbildungsprogramm*.
8. Die **Klobürste** schicke ich jetzt los, damit sie *neue Räume anmietet*.
9. Meiner **Waschmaschine** nehme ich nun wirklich zum letzten Mal die Zigarre aus der Trommel! Ich will *nicht*, dass im Bad *geraucht* wird.
10. In meinem **Wäschekorb** befinden sich viele große Geschenke, um die sich die *Pensionäre* bei der *Verabschiedung* prügeln.

Wirksame Gedächtnisprotokolle nach Kundenveranstaltungen

Angewandte Methoden: Namen und Gesichter merken, Dinge miteinander verknüpfen
Bei Geschäftsessen oder anderen Firmenveranstaltungen erhält man häufig wichtige Informationen von Kollegen, Kunden oder Vorgesetzten, die man sich merken möchte. Um diese Informationen mindestens bis zu dem Zeitpunkt zu behalten, an dem man sich in aller Ruhe mit den betreffenden Personen auseinandersetzen kann, braucht man starke Bilder. Praktischerweise hat heutzutage fast jeder Visitenkarten bei sich, so dass Sie diese prima als Anker verwenden können.

Stellen Sie sich vor, als Mitarbeiter eines Textilunternehmens erfahren Sie während des Abendessens im Rahmen einer Vortragsreihe von Ihren Tischnachbarn – nach gegenseitigem Visitenkartentausch – die folgenden Fakten:

1. Herr Großenfels ist auf der Suche nach Kooperationspartnern im Bereich Lack und Leder. Er möchte eine Schuhfabrik auf Mallorca eröffnen.
2. Frau Beyaglu möchte eine Tuchfabrik in Indien kaufen.
3. Der Geschäftsführer der Morganic Ltd., Mr. House, ist ein glühender Verehrer der Malerin Helena Hansen, die Sie zufällig persönlich kennen. Sie versprechen, ihn zur nächsten Ausstellung mitzunehmen und der Künstlerin persönlich vorzustellen.
4. Die Firma Kreitschner Zwirne steht eventuell zum Verkauf, wie Sie von dem ehemaligen Abteilungsleiter Herrn Wagenfeld erfahren.
5. Die Geschäftsführerin Frau Immenberg von der Firma Müller-Industrienadeln ist gerade auf der Suche nach einem neuen Abteilungsleiter.

Das sind nun recht umfangreiche Informationen. Da Sie jedoch die Visitenkarten haben, auf denen die Namen der Personen, die jeweilige Position und der Name der betreffenden Firma verzeichnet sind, brauchen Sie sich lediglich die Informationen zu merken, die Ihnen Ihre Tischnachbarn zusätzlich gegeben haben. Stellen Sie diese zu einem Bild oder einer Szene zusammen und verknüpfen Sie dieses am besten mit dem Nachnamen auf der Visitenkarte:

1. _____

2. _____

3. _____

4. _____

5. _____

Verknüpfungsvorschlag:

1. Ein **großer Fels** ist mit *Lack* und *Leder* eingewickelt und rollt auf *Mallorca* mitten in eine *Schuhfabrik* auf der Suche nach noch mehr Lack und Leder.
2. Ein **Bär** sitzt in einem **Iglu** und überlegt, wie er dem in *Tuch* gewickelten *Inder* seine *Fabrik* abkaufen kann.
3. Ihr **Haus (House)** wurde von Ihrer Freundin *Helena Hansen* bemalt, so dass es nun an einer *Ausstellung* teilnimmt.
4. Ein *kreischender* Zwirnsfaden wird auf dem Jahrmarkt verkauft, wie Sie von dem *Leiter* erfahren, der mit dem **Wagen** über das **Feld** fährt.
5. Fleißige **Immen** (Bienen) umschwirren ziellos einen **Berg** auf der Suche nach einer *neuen Leiterin*.

Wenn Sie nun abends oder am nächsten Tag die gesammelten Visitenkarten durchgehen, wird Ihnen sicherlich sofort etwas zu den Namen einfallen.

Kompetent im neuen Fachgebiet – Fremdwörter schnell verfügbar

Angewandte Methode: Schlüsselwort-Methode
Manchmal erfordert das Berufsleben eine hohe Flexibilität. Stellen Sie sich zum Beispiel vor, dass Sie in einem großen Supermarkt als Fachverkäufer arbeiten und spontan die neue Pflanzenabteilung übernehmen sollen. Natürlich möchten Sie schnell kompetent Ihren Kunden gegenübertreten und merken sich nun die folgenden Pflanzengattungen nach der Schlüsselwort-Methode:

Lantana – Wandelröschen

Anthurium – Flamingoblume

Ficus – Feige

Monstera – Fensterblatt

Hydrangea – Hortensie

Nymphaea – Seerose

Salix – Weide

Viola – Veilchen

Es wird noch leichter, sich diese Fremdwörter zu merken, wenn Sie Freude an schönen Pflanzen haben. Dann könnten Sie sich zusätzlich Fotos der Pflanzen ansehen oder ausdrucken und mit dem entsprechenden Fachausdruck versehen. So werden Sie in kürzester Zeit zum Botaniker und kompetenten Ansprechpartner.

Tragen Sie nun die deutschen Begriffe für die verschiedenen Pflanzengattungen ein:

1. **Salix** – _____

2. **Monstera** – _____

3. **Viola** – _____

4. **Lantana** – _____

5. **Nymphaea** – _____

6. **Anthurium** – _____

7. **Hydrangea** – _____

8. **Ficus** – _____

Hier meine Merkvorschläge:
1. **Salix – Weide**
   Im **Saal** gab es **nix**, also gingen sie auf die _Weide_.
2. **Monstera – Fensterblatt**
   Das **Monster – Ah**! – steht am _Fenster_ und beklebt es mit einem _Blatt_.
3. **Viola – Veilchen**
   Ich schnappte mir die **Viola** und verpasste damit dem Bösewicht ein _Veilchen_.
4. **Lantana – Wandelröschen**
   Im **Land** von **Anna** gibt es viele _Röschen_, die sich dauernd _wandeln_.
5. **Nymphaea – Seerose**
   Eine echte **Nymphe** hat eine _Seerose_ im Haar.
6. **Anthurium – Flamingoblume**
   An dem **Atrium** steht ein _Flamingo_ in den _Blumen_.
7. **Hydrangea – Hortensie**
   Die gefährliche **Hydra** verhält sich auffallend freundlich gegenüber meiner _Hortensie_!
8. **Ficus – Feige**
   Das **Vieh** gibt mir einen **Kuss** und bekommt dafür eine _Feige_.

Perfekter Service – Kundenwünsche speichern

Angewandte Methoden: Namen und Gesichter merken, Dinge miteinander verknüpfen
Wenn wir beim Business-Lunch von der Servicekraft nach nur einem Besuch gefragt werden, ob wir wieder das „übliche" Getränk wünschen, sind wir angenehm überrascht. Wir fühlen uns gut betreut

und mit Aufmerksamkeit bedacht, wenn sich offensichtlich so genau gemerkt wird, was wir beim letzten Besuch gewünscht hatten.

Stellen Sie sich nun vor, Sie führen eine Bar. Hier kann es den entscheidenden Vorteil darstellen, wenn Sie möglichst schnell die Wünsche Ihrer Gäste kennen. Da es sich um Stammgäste handelt und Sie der Barkeeper sind, kennen Sie alle Personen mit Namen. Bitte verknüpfen Sie nun mit jedem Gast das jeweilige Getränk:

1. **Frau Klein – Espresso**

   _____

2. **Herr Moser – Kamillentee**

   _____

3. **Frau Töpfer – Pils vom Fass**

   _____

4. **Frau Winter – Martini**

   _____

5. **Herr Wachmann – Stilles Wasser**

   _____

6. **Herr Reich – Champagner**

   _____

7. **Frau Greber – Russische Schokolade**

   _____

8. Frau Müller – Cola

9. Herr Steiner – Cuba libre

10. Herr Tannenwald – Alsterwasser

Zur Überprüfung der erlernten Informationen können Sie nun die Namen der Stammgäste sowie das jeweilige Getränk in die Kategorien „alkoholische" und „alkoholfreie" Getränke eintragen: Herr Steiner, Herr Wachmann, Frau Töpfer, Frau Müller, Herr Moser, Frau Winter, Herr Tannenwald, Herr Reich, Frau Klein, Frau Greber.

Name und alkoholisches Getränk	Name und alkoholfreies Getränk

Die Lösung ist im Anhang zu finden. Nun noch meine Bilder zur Verknüpfung der Namen mit dem Getränk:

1. **Frau Klein – Espresso**
   Sie macht sich so **klein**, dass sie sogar in einer *Espressotasse* Platz hat.

2. **Herr Moser – Kamillentee**
   Er **mosert** so viel herum, dass er Magenschmerzen hat und einen *Kamillentee* braucht.

3. **Frau Töpfer – Pils vom Fass**
   Sie hat beim letzten **Töpfer**kurs ein *Fass* geformt, aus dem ein *Pilz* wuchs.

4. **Frau Winter – Martini**
   Sie hat im **Winter** ihren Martin kennen gelernt. Bestimmt gibt es bald einen kleinen *Martini*.

5. **Herr Wachmann – Stilles Wasser**
   Er steht als **Wachmann** am Brunnen und passt auf, dass das *Wasser still* bleibt.

6. **Herr Reich – Champagner**
   Er kommt zwar nicht aus Frank**reich**, trinkt aber trotzdem gerne *Champagner*.

7. **Frau Greber – Russische Schokolade**
   Sie **gräbt** in *Russland* nach Schätzen und findet wertvolle *Schokolade*.

8. **Frau Müller – Cola**
   Sie hat den **Müller** mit *Cola* übergossen, so dass sie jetzt an ihm festklebt.

9. **Herr Steiner – Cuba libre**
   Er hat in **Stein** gemeißelt, dass *Kuba* sein *Lieblings*land ist.

10. **Herr Tannenwald – Alsterwasser**
    Er findet vor lauter **Tannen** im **Wald** das *Wasser* der *Alster* nicht mehr.

Natürlich gibt es auch Gäste, die jeden Abend etwas anderes trinken wollen. Die freuen sich einfach über ein Lächeln und die höfliche Frage, was es denn heute sein darf.

Fristen merken mit System

Angewandte Methoden: Mastersystem, Loci-Methode, Ziffern-Form-Bild
Als guter Jurist oder kompetenter Personalleiter sollte man vor allem eins wissen: in welchem Gesetz(-buch) die gerade relevanten Dinge zu finden sind. Zusätzlich ist es oft hilfreich, wenn man einzelne Fakten im Kopf hat. Ist man für Arbeitsrecht zuständig, sind zum Beispiel die gesetzlichen Kündigungsfristen von Bedeutung.
Schauen wir uns also § 622 BGB (Kündigungsfristen bei Arbeitsverhältnissen), Absatz 2 an, wo geregelt ist, wie lange die gesetzlichen Kündigungsfristen sind, wenn die Kündigung vom Arbeitgeber ausgeht: Sie beträgt, wenn das Arbeitsverhältnis in dem Betrieb oder Unternehmen[32]

1. ZWEI Jahre bestanden hat, **einen** Monat zum Ende eines Kalendermonats,
2. FÜNF Jahre bestanden hat, **zwei** Monate zum Ende eines Kalendermonats,
3. ACHT Jahre bestanden hat, **drei** Monate zum Ende eines Kalendermonats,
4. ZEHN Jahre bestanden hat, **vier** Monate zum Ende eines Kalendermonats,
5. ZWÖLF Jahre bestanden hat, **fünf** Monate zum Ende eines Kalendermonats,
6. FÜNFZEHN Jahre bestanden hat, **sechs** Monate zum Ende eines Kalendermonats,
7. ZWANZIG Jahre bestanden hat, **sieben** Monate zum Ende eines Kalendermonats.

Abgesehen davon, dass wir nun wissen müssen, dass es Ausnahmeregelungen für diese Kündigungsfristen gibt und wo diese zu finden sind, brauchen wir nur die von mir hervorgehobenen Informationen:

- die Anzahl der JAHRE, die ein Arbeitnehmer bei dem Unternehmen angestellt ist und
- die Anzahl der **Monate** als Kündigungsfrist.

Nun können wir mit dem Ziffern-Form-Bild-System die Kündigungsfristen von einem bis zu sieben Monaten darstellen und die zugehörige Jahreszahl aus dem Mastersystem dort anknüpfen:

1. Der **Taktstock** dient NOAH als Wanderstab.
2. Der **Schwan** hat sich aus einer LEE (Jeans) ein Nest gebaut.
3. Auf den **Busen** hat sie eine kleine FEE tätowiert.
4. Das **Segelboot** wird auf einer TASSE balanciert, was ganz schön wackelig aussieht.
5. An einem **Haken** baumelt eine kleine TANNE.
6. Ich lasse die **Trillerpfeife** bis ins TAL hinabrollen.
7. Ich kühle mit der **Axt** meine geschwollene NASE.

Wenn Sie jetzt Ihr Ziffern-Form-Bild-System durchgehen, werden Ihnen alle Kündigungsfristen wieder einfallen.

Sicherheit im Smalltalk I – Gut informiert und auf dem neusten Stand

Angewandte Methoden: Loci-Methode, Mastersystem, Geschichte-Methode
Wenn man sich mit potenziellen Neukunden, Kooperationspartnern oder vielleicht mit Investoren aus dem Ausland trifft, möchte man gerne die Heimat zeigen, ein wenig mit Wissen glänzen und mögliche Fragen zu Städten oder Bauwerken sicher beantworten können.

Nehmen wir an, Ihnen steht ein Treffen mit einem Neukunden aus Japan bevor und Sie möchten ihm München, den Hauptsitz Ihrer Firma, und das Umland nahebringen.

Die folgenden Fakten oder Themen könnten Sie parat haben, um jederzeit ein Gespräch in Gang zu bringen:

1. München hat sechs Großbrauereien, die jährlich mehrere Millionen Hektoliter Bier brauen.
2. Der Olympiaturm ist 291 Meter hoch.

3. Der Olympiapark ist 850 000 Quadratmeter groß.
4. München hat ca. 1,3 Millionen Einwohner und ist damit die dritt-
   größte Stadt Deutschlands.
5. Die Alpen erstrecken sich auf einer Länge von 1 200 Kilometern.
6. Der höchste Berg der Alpen ist mit 4 810 Metern der Mont Blanc.

In unserem Beispiel legen wir die wichtigsten Fakten auf der Körperroute ab. München selbst lässt sich prima mit einem Bierzelt verbildern – denn wer denkt bei München nicht als Erstes ans Oktoberfest?

HINWEIS: Auch ein Komma ist wichtig!
Es ist bei Zahlen empfehlenswert, auch das eventuell vorkommende
Komma bildlich darzustellen. Ich benutze ein Symbol: eine Hürde. Sie
können natürlich auch ein anderes Bild verwenden, wie eine Wurzel,
über die man stolpert, oder einen unschuldigen Speisepilz, der aus dem
Boden ragt.

Ordnen Sie nun die entsprechenden Bilder Ihrer Körperroute zu:

1. _____

2. _____

3. _____

4. _____

5. _____

6. _____

Mit diesen Informationen sollten Sie einen Kunden eine Weile unterhalten können und Anknüpfungspunkte für neue Gespräche finden.

Verknüpfungsvorschlag:

1. Meine **Füße** stecken in einem wirklich eleganten und top-modernen SCHUH, aus dem auch noch *Millionen Hektoliter Bier* fließen, so dass mir sämtliche Brauer der Stadt hinterherlaufen.

2. Um meine **Knie** habe ich die *olympischen* Ringe zum *Turm* gestapelt aufgemalt, aus dem oben eine Fahne aus NAPPA wedelt, auf der ein TEE abgebildet ist.

3. An meinem **Gesäß** sind die *olympischen* Ringe zu einem *Park* angeordnet, in dessen Mitte eine FALLE platziert ist, in der zwei SOSSEN als Köder ausliegen.

4. In meinem **Bauchnabel** ist ein *Bierzelt* aufgebaut, in dem TEE über eine *Hürde* hinweg an Millionen MAYA verkauft wird. Nur in Hamburg und Berlin gibt es größere Bierzelte.

5. Auf meinem **Dekolleté** türmen sich die kompletten *Alpen*, an deren Ende eine TANNE steht, die mit SOSSE übergossen wurde.

6. Unter der **Achselhöhle** klemmt auch noch ein *weißer Berg*, der alle anderen überragt. Von seinem Gipfel rollt ein REIF, der schließlich unten in einer TASSE landet.

Sicherheit im Smalltalk II – Wichtige historische Daten

Angewandte Methoden: Mastersystem, Jahreszahlen, Dinge miteinander verknüpfen
Wie wir darangehen, uns historische Daten zu merken, hängt sehr davon ab, wofür wir diese eigentlich brauchen. Wenn Sie die Umsatzzahlen der letzten zehn Jahre behalten wollen, brauchen Sie zum Beispiel keine Jahrhundertangaben.

Für Reiseleiter, Museumsführer oder Historiker sieht das schon etwas anders aus: Sie müssen sich eine Vielzahl von historischen Daten merken. Allerdings kann man hier vermutlich an ein recht umfangreiches Fachwissen anknüpfen. Die Wahrscheinlichkeit, dass man sich urplötzlich und ohne Vorkenntnisse mit Jahrhundertangaben auseinandersetzen muss, ist doch relativ gering.

Wenn viele Jahreszahlen memoriert werden müssen, kann es sehr vorteilhaft sein, den Ziffern für die Jahrhunderte eine herausragende und markante Person zuzuordnen, die in diesen Jahren gelebt hat, oder Ereignisse, die zu der Zeit stattgefunden haben. Ich habe Ihnen einige Beispiele für die ersten beiden Ziffern der Jahreszahlen in der folgenden Tabelle zusammengestellt. Für die letzten beiden Ziffern kann das Mastersystem verwendet werden.

Jahrestabelle

Jahres-zahlen-beginn	Personen	Ereignisse	Mögliches Bild	Ihr Bild
11..	Friedrich Barbarossa, Richard Löwen-herz	Gründung Portugals, Kreuzzüge	Ritter	
12..	Dschingis Khan	Gründung der drei großen Bettelorden	Dschingis Khan	
13..	Karl der IV.	Die 1. Pestwelle	Sensemann	
14..	Johannes Gutenberg	Entdeckung Amerikas, Erfindung des Buchdrucks	Gutenberg, Indianer	
15..	Martin Luther, Heinrich der VIII.	95 Thesen, Bauernkriege	Luther, Henker	
16..	Rembrandt	30-jähriger Krieg	„Der Mann mit dem Goldhelm"	
17..	Mozart, Schiller, Lessing	Gründung der USA, Franz. Revolution, Industrielle Revolution	Wolfgang A. Mozart	

Jahres-zahlen-beginn	Personen	Ereignisse	Mögliches Bild	Ihr Bild
18..	Napoleon, Bismarck	Amerikanischer Bürgerkrieg, Völkerschlacht bei Leipzig	Napoleon	
19..	Wilhelm II., Konrad Adenauer	Zwei Weltkriege, Verbreitung des Fernsehens	Fernseher	
20..	Barack Obama	Verbreitung des Internets, Einführung des Euro als Bargeld	Computer	

Natürlich können Sie auch – wenn Sie zum Beispiel als Kunstkritiker unterwegs sind – nur Maler als kennzeichnende Personen verwenden. Ist Ihr Fachgebiet die Mathematik, wählen Sie einfach Personen aus diesem Metier. Hauptsache, Sie verknüpfen mit dieser Person auch recht schnell eine bestimmte Epoche und werden vielleicht zeitlich gleich in diese Ära versetzt: Bei Mozart denkt man an Perücken und goldene Festsäle und bei Richard Löwenherz an tapfere Ritter und Burgfräuleins.

Beispiele:
1429 – Jeanne d'Arc führt die Franzosen zu einem Sieg gegen die Engländer.
Jeanne d'Arc bringt die Franzosen zu den **Indianern**, die ihnen, ganz in NAPPA gekleidet, einen Sieg über die Engländer versprechen.

1618 – Beginn des 30-jährigen Krieges
Dreißig Krieger werden von dem **Mann mit dem Goldhelm** zu einer
TAUFE eingeladen.

1835 – Die erste dampfbetriebene Eisenbahn in Deutschland verkehrt
auf der Strecke Nürnberg–Fürth.
Eine Dampflok bekommt als ersten Preis einen Nürnberger Lebkuchen
und führt diesen zu **Napoleon**, der komplett mit MEHL bestäubt ist.

1237 – Erste urkundliche Erwähnung Berlins
Dschingis Khan reitet mit einer Urkunde in der Hand auf einer
MÜCKE durchs Brandenburger Tor.

1988 – Steffi Graf gewinnt zum ersten Mal in Wimbledon.
Steffi Graf erhält für ihren ersten Wimbledon-Sieg einen **Fernseher**,
der sofort eine WAFFE zückt.

Natürlich können Sie für die Jahresangaben auch andere Merkmethoden benutzen, wie etwa die Bildung kurzer Sätze mit den Anfangsbuchstaben aus dem Mastersystem:
1776 – Unabhängigkeitserklärung der USA
Dreizehn **g**lückliche **K**olonien **sch**affen die USA.

Oder sie benutzen einfach das Mastersystem im gewohnten Stil:
1878 – Thomas Edison erhält das Patent für seinen Phonographen.
Edison bringt seinen Phonographen zur TAUFE mit echtem KAFFEE.

Bedenken Sie: Je mehr Jahreszahlen oder Daten Sie sich merken wollen,
desto besser sollte das von Ihnen genutzte System kategorisiert sein. Um
sich mal schnell zwei oder drei Geschichtsdaten zu merken, reicht es
jedoch aus, sich prägnante Merksätze zu formulieren oder das Mastersystem auch für die ersten beiden Ziffern der Jahreszahl zu benutzen.

Sicherheit im Smalltalk III – Wichtige Orte oder Fakten

Angewandte Methode: Geschichte-Methode
Es gibt bestimmtes Grundlagenwissen, über das wir gerne jederzeit verfügen möchten. Vieles davon haben wir bereits in der Schule gelernt. Mangels aktiver Benutzung im Alltag und Berufsleben sind einige Fakten jedoch manchmal nicht präsent, wenn man sie gerade einsetzen möchte. Es liegt auf der Zunge und will einfach nicht heraus.

Derartiges Wissen – wie zum Beispiel über Maler, Länder und Städte, die zeitliche Abfolge von Literaturepochen oder grundlegende mathematische Formeln – kann man hervorragend in kurze Geschichten verpacken. Man setzt sich dabei mit den Fakten gründlich auseinander, denkt über sie nach und kann mittels weniger Wiederholungen schnell auf sie zurückgreifen.

In meinem Beispiel finden Sie die 16 Landeshauptstädte der Bundesrepublik Deutschland, die ich von Norden nach Süden in einer Geschichte untergebracht habe. Vielleicht werden Sie von ihr zu ähnlichen Geschichten inspiriert, um Ihr Faktenwissen zu verfestigen:

Einst klebte eine Muschel an einem Schiff am **Kiel**. Als dieses für die **Schwerin**dustrie verschrottet werden sollte, ließ sich die Muschel von einem **Hamburger** retten, der versuchte, sie bei den **Bremer** Stadtmusikanten unterzubringen. Die wollten jetzt aber gerade eine **Berliner** Weiße trinken und setzten die Muschel in den **Pott** einer **Dame**, um zur **Hannover**-Messe zu fahren. Da dachte die Muschel an ihre **Magd**, die sie auf der **Burg** hatte zurücklassen müssen. Naja, irgendein **Dussel** im **Dorf** würde sie schon mit einem **Dresdner** Stollen betören können. Da **erfuhr** die Muschel, dass man auf der **Wiese baden** könnte, und sie beschloss, nach dem Bad die **Mainz**elmännchen zu besuchen. Sie könnten zusammen endlich ein paar **Brücken** über die

Saar bauen. Aber die holten lieber die **Stute** aus dem **Garten** und ritten direkt aufs Oktoberfest nach **München**.

Markante Stichpunkte aus Biografien speichern

Angewandte Methoden: Loci-Methode, Mastersystem, Namen und Gesichter merken
In vielen Fachgebieten gibt es so genannte Gründerväter, Vorreiter oder Revolutionäre, die die Menschheit einen wichtigen Schritt vorwärtsgebracht haben. Deren grobe Lebensdaten möchte man als kompetenter Gesprächspartner natürlich im Kopf haben.

Ich habe als Beispiel Johannes Gutenberg gewählt. Hier sind seine Eckdaten[33]:

1. Eigentlicher Name: Johannes Gensfleisch
2. * um 1400 in Mainz
3. † 1468 in Mainz
4. Gilt als Erfinder des Mobilletterndrucks
5. Gilt als Erfinder der Druckerpresse
6. Die Gutenbergbibel wurde in einer Auflage von ca. 180 Stück gedruckt.
7. Heute sind noch 49 Exemplare bekannt.
8. Seine Druckerzeugnisse leiteten die 3. Medienrevolution ein.
9. 1900 wurde die Gutenberg-Gesellschaft gegründet.
10. Gutenberg wurde 1999 von amerikanischen Journalisten zum Mann des Jahrtausends gekürt.

Die Zahlen, die in diesen Informationen enthalten sind, werden nun mit dem Mastersystem dargestellt und zusammen mit den anderen Fakten auf einer Route abgelegt. Ich habe eine Route durch eine Stadt gewählt:

1. Bahnhof
2. Bushaltestelle
3. Rathaus
4. Schwimmbad
5. Marktplatz

6. Brücke
7. Kirche
8. Theater
9. Museum
10. Einkaufscenter

Nun können die Informationen verkürzt, verknüpft und abgelegt werden:

1. **Bahnhof** – Johannes Gensfleisch

_____

2. **Bushaltestelle** – geboren um 1400, Mainz

_____

3. **Rathaus** – gestorben 1468, Mainz

_____

4. **Schwimmbad** – Erfinder des Mobilletterndrucks

_____

5. **Marktplatz** – Erfinder der Druckerpresse

_____

6. **Brücke** – gedruckte Bibeln, 180 Stück

_____

Stadtroute (Gutenbergroute)

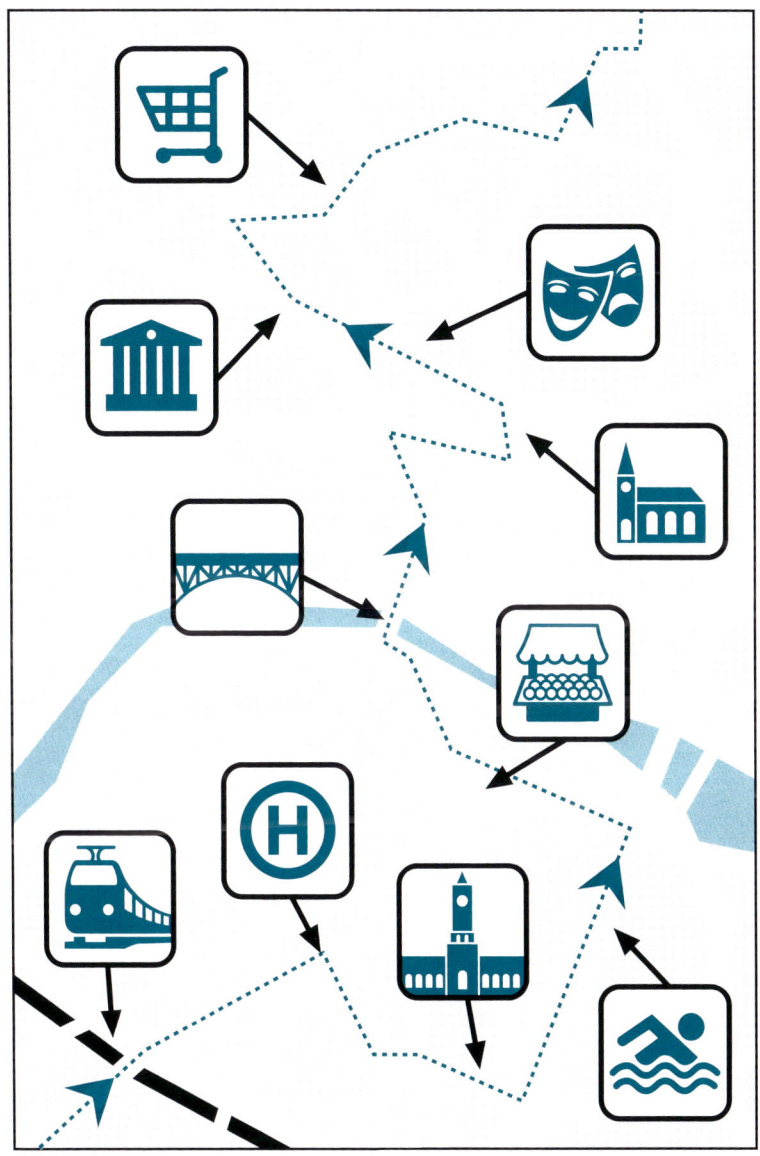

7. **Kirche** – heute 49 Bibeln

_____

8. **Theater** – Einleitung der 3. Medienrevolution

_____

9. **Museum** – 1900 Gründung der Gutenberg-Gesellschaft

_____

10. **Einkaufscenter** – 1999, Amerika, Mann des Jahrtausends

_____

Die Grundlagen zu Gutenberg sind nun einprägsam auf Ihrer neuen Gutenberg-Route vorhanden. Natürlich können Sie auch eine Henry-Ford-Route, eine Martin-Luther-King-Route oder eine Melitta-Bentz-Route erstellen. Schlendern Sie diese ab und zu in Gedanken entlang und behalten Sie so die Fakten zu den Ihnen wichtigen Personen einfach spielend im Kopf.

Verknüpfungsvorschläge:
1. **Bahnhof – Johannes Gensfleisch**
   Am **Bahnhof** steht _Johannes Gutenberg_ und bietet frisches _Gänsefleisch_ an.
2. **Bushaltestelle – geboren um 1400, Mainz**
   An der **Bushaltestelle** findet gerade eine _Geburtstagsparty_ statt, bei der die _Mainzelmännchen_ frischen TEER zu SOSSE verarbeiten.
3. **Rathaus – gestorben 1468, Mainz**
   Das **Rathaus** wurde von den _Mainzelmännchen_ mit einem gigantischen _Trauerkranz_ geschmückt. Ein nach TEER duftendes SCHAF kommt vorbei und trauert mit.

4. **Schwimmbad – Erfinder des Mobilletterndrucks**

Das **Schwimmbad** ist heute geschlossen, weil jemand seine *neue Erfindung – nämlich lauter kleine bewegliche Buchstaben* durcheinanderschwimmen lässt, bis der *Druck* so groß wird, dass das Becken platzt.

5. **Marktplatz – Erfinder der Druckerpresse**

Der **Marktplatz** ist auch geschlossen, weil jemand seine *neue* Erfindung, eine gigantische *Presse*, ausprobiert und so alle Marktbuden zerquetscht.

6. **Brücke – gedruckte Bibeln, 180 Stück**

Auf einer **Brücke** sitzen lauter bunt *bedruckte Bibeln* und betrachten eine TAUFE, die gerade von einer SAU empfindlich gestört wird.

7. **Kirche – heute 49 Bibeln**

Vor der **Kirche** haben sich ebenfalls bunte *Bibeln* versammelt und führen *heute* gemeinsam einen heißen RAP auf.

8. **Theater – Einleitung der 3. Medienrevolution**

Vor dem **Theater** haben sich Journalisten aller *Medien* mit den MAYA versammelt, um endlich die *Revolution* sehen zu können.

9. **Museum – 1900 Gründung der Gutenberg-Gesellschaft**

Vor dem **Museum** ist ein TOP in die SOSSE gefallen. Rundherum hat sich gleich eine *Gesellschaft* gegründet, um über das weitere Vorgehen zu diskutieren.

10. **Einkaufscenter – 1999, Amerika, Mann des Jahrtausends**

Vor dem *amerikanischen* **Einkaufscenter** liegt ein TOP, das mein PAPA schnell anzieht, um zum *Mann des Jahrtausends* gewählt zu werden.

Vokabeln in Englisch, Französisch oder Italienisch

Angewandte Methode: Schlüsselwort-Methode
Da es einer gewissen Übung bedarf, schnell Schlüsselwörter zu finden, haben ich Ihnen ein paar Vokabeln verschiedener Sprachen zusammengestellt. Notieren Sie einfach, was Ihnen dazu einfällt, und
seien Sie gespannt, wie viele Wörter Sie sich in kurzer Zeit merken
können.

Aus dem Englischen/Amerikanischen:

pacifier [pässifaier] – Schnuller

---

disposition [dispo'sischn] – Verfügung

---

bean counter [biin kaunter] – Erbsenzähler

Aus dem Französischen:

joli [joli] – hübsch

épaule [epol] – Schulter

---

rustique [rüstik] – urig

---

tôle [tol] – Blech

---

défi [defi] – Herausforderung

dictée [diktee] – Diktat

Aus dem Italienischen:

dipendente [dipen'dente] – Angestellte(r)

bastare [bas'tare] – ausreichen

Jetzt füllen Sie den folgenden kleinen Vokabeltest aus:

bean counter	– _____
pacifier	– _____
disposition	– _____
épaule	– _____
tôle	– _____
dictée	– _____
joli	– _____
rustique	– _____
défi	– _____
bastare	– _____
dipendente	– _____

Vorschläge für Schüsselwörter:

bean counter	– Die **Bien**en **kauen** und *zählen* dabei die *Erbsen.*
pacifier	– Die **Pässe feiern** mit *Schnuller* im Mund.
disposition	– Der **Dispo**(kredit) **sieht schon** wieder so aus, als stünde er nicht zur *Verfügung.*
épaule	– Nicht der Südpol, sondern der **E-Pol** liegt an der *Schulter.*
tôle	– Das *Blech* ist **toll**, wenn Kekse drauf sind.
dictée	– Der **dicke Tee** wird nach einem *Diktat* genossen.
joli	– Angelina **Jolie** ist *hübsch.*
rustique	– Rentner sind nicht nur **rüstig**, sondern auch *urig.*
défi	– **Delf**ine meistern jede *Herausforderung.*
bastare	– **Basta! Reh**! Das muss *ausreichen!*
dipendente	– **Die pennende Ente** ist die faulste *Angestellte,* die wir je hatten.

Texte und Informationen – Schneller Überblick für den Chef

Angewandte Methoden: Ziffern-Symbol-Bild, Mastersystem, Loci-Methode
Wie kann ich mir die wichtigsten Informationen eines mehr oder minder umfangreichen Textes so sicher merken, dass ich die Informationen auch weitergeben kann? Nehmen wir den folgenden Fall an: Als Assistent der Geschäftsführung in einer Lebensmittelkette wollen Sie Ihren Chef auf das bevorstehende Meeting mit den Abteilungsleitern vorbereiten. In einer Fachzeitschrift haben Sie ein Interview mit dem neuen Geschäftsführer des Konkurrenzunternehmens gefunden, und Sie wissen, dass Ihr Vorgesetzter diese Fakten sicher brauchen wird. Statt Ihrem Chef nun einfach die Zeitschrift in die Hand zu drücken, wollen Sie ihm schnell die wichtigsten Informationen selbst mitteilen.

Der zugehörige Artikel könnte folgendermaßen lauten:

„Nachdem die Gutessen GmbH jahrelang erfolgreich von Herrn Grünborn geführt wurde, macht dieser nun überraschend Platz für einen Geschäftsführer, der gar nicht aus der Branche kommt. Herr Schnappauf führte jahrelang den Schuhhersteller Sohlengang AG als Vorstand und brachte diesen auf die Überholspur. Wir haben uns mit Herrn Schnappauf im berühmten Café Neuberg zum Gespräch getroffen.

Journalist: Herr Schnappauf, wie kommt man von einem Schuhhersteller zu einem Lebensmittelkonzern?

Schnappauf: Im Prinzip ganz einfach – man schaut auf das Gesamte und stellt fest, dass Lebensmittel- und Schuhindustrie doch sehr ähnlich sind. Jeder braucht Lebensmittel, jeder braucht Schuhe. Der Schritt war nicht so groß.

Journalist: Dann werden Sie die Gutessen GmbH ähnlich führen wie die Sohlengang AG?

Schnappauf: Nun ja, auch hier wird mein Ziel sein, die Umsätze und Gewinne zu steigern.

Journalist: Wie könnte das gehen?

Schnappauf: Wir werden bis April nächsten Jahres unser neues Produkt auf den Markt bringen. Die Martoffel.

Journalist: Die was?

Schnappauf: Die Martoffel. Eine Mischung aus Möhre und Kartoffel. Selbst übermäßiger Konsum führt nicht zur Gewichtszunahme, weil sich die Stärke nach dem Verzehr selbst auflöst.

Journalist: Das hört sich ja ganz großartig an. Und klingt nach satten Gewinnen.

Schnappauf: Tatsächlich streben wir alleine mit diesem Produkt einen Gewinn von 13 Mio. Euro im Inland an. Weitere 24 Mio. Gewinn werden wir damit wohl im Ausland erzielen können.

Journalist: Das scheinen mir ja ziemlich exakte Prognosen zu sein. Was macht Sie so sicher?

Schnappauf: Wir haben in Palikir eine Filiale eröffnet, umfangreiche Tests gemacht und können deshalb so genaue Zahlen nennen.

Journalist: Wo liegt gleich noch Palikir?

Schnappauf: Das ist die Hauptstadt von Mikronesien.

Journalist: Aha. Können Sie uns sonst noch etwas über die Zukunft der Gutessen GmbH erzählen?

Schnappauf: Wir werden neue Marktanteile gewinnen und auch ausbauen können. Die Gutessen GmbH wird sich über kurz oder lang zum Marktführer entwickeln. Zudem ist es mir gelungen, den ehemaligen Landwirtschaftsminister, Herrn Rutrop, für den Bereich der Internationalisierung für unser Unternehmen zu gewinnen.

Journalist: Zum Abschluss würden wir gerne etwas über den Privatmann Schnappauf erfahren. Ich hörte, Sie haben ein außergewöhnliches Hobby?

Schnappauf: Naja, außergewöhnlich in den hiesigen Breitengraden. In Alaska ist Hundeschlittenrennen ein ganz alltäglicher Sport.

Journalist: Und Ihre Frau? Reist sie als Klinikleiterin des hiesigen Herzzentrums mit zu den Rennen?

Schnappauf: Natürlich. Mir würde etwas fehlen, wenn sie mich nicht anfeuern würde.

Journalist: Ich danke Ihnen für dieses Gespräch."

Der erste Teil der Aufgabe für Sie als Assistent der Geschäftsführung liegt darin, wichtige Fakten aus dem Text herauszufiltern – was gerade bei Interviews schon einmal eine Weile dauern kann. Wenn es möglich ist, machen Sie die wichtigsten Details optisch kenntlich. Die so hervorgehobenen Stichworte werden nun auf einer Route abgelegt. Sie können da natürlich Ihr Büro, die Körperroute oder andere Wege wählen. Ich habe als Route diesmal das Mastersystem gewählt. Dies ist insofern für längere Texte sehr praktisch, da hier sehr viele Stationen verfügbar sind.

Verknüpfen Sie nun die wichtigsten Stichworte auf Ihrer Route mit den Bildern des Mastersystems. Die folgende Tabelle bietet dafür Platz. Hat man das Mastersystem als Route gewählt, empfiehlt es sich im Übrigen, eventuell vorkommende Zahlen anders zu visualisieren, um Verwechslungen zu vermeiden. Für die wenigen Zahlen dieses Textes habe ich das Ziffern-Symbol-Bild-System gewählt.

Ihre Stichpunkte und Verknüpfungen:

Routenpunkt	Masterbegriff	Info	Verknüpfung
1	Tee	Gutessen GmbH	
2	Noah	Herr Schnappauf	
3	Maya	Sohlengang AG	
4	Reh		
5	Lee (Jeans)		
6	Schuh		
7	Kuh		
8	Fee		

Routenpunkt	Masterbegriff	Info	Verknüpfung
9	Po		
10	Tasse		
11	Tod		
12	Tanne		
13	Team		
14	Teer		
...	...		
...	...		
...	...		

Haben Sie alle Verknüpfungen vor Augen? Wenn Sie bereits Übung im Umgang mit dem Mastersystem haben, werden Sie in der Lage sein, Ihrem Chef eine umfangreiche Vorbereitung für das bevorstehende Meeting zu ermöglichen.

Nun wie immer meine Verknüpfungen mit den Fakten, die mir aus dem Text am wichtigsten erscheinen:
1. **Tee** + Gutessen GmbH
   Ich kippe meinen TEE über das gute Essen, so dass es ungenießbar wird.
2. **Noah** + Herr Schnappauf
   NOAH schnappt ein Gespräch auf.
3. **Maya** + Sohlengang AG
   Die MAYA tanzen so wild, dass ihre Sohlen im Gang zu hören sind.

4. **Reh** + Martoffel

   Das REH wird von einer Möhre und einer Kartoffel gejagt.

5. **Lee (Jeans)** + keine Gewichtszunahme

   Mein Körper hat sich in all den Jahren nicht verändert. Die LEE passt immer noch. Wie schön!

6. **Schuh** + Stärke löst sich selbst auf

   Der SCHUH fällt in die *Stärke* rein und *verschwindet* einfach darin.

7. **Kuh** + 13 Mio. EUR Gewinn (Inland)

   Die KUH trägt einen *Lorbeerkranz* und fährt die *Heiligen Drei Könige* ins *heimische* Land.

8. **Fee** + 24 Mio. EUR Gewinn (international)

   Die FEE setzt den *Zwillingen* einen *Adventskranz* auf den Kopf und schickt sie zum Studium ins *Ausland*.

9. **Po** + Palikir

   Der PO kracht in die *Palisaden* und bekommt dafür einen Kir Royal.

10. **Tasse** + Mikronesien

    In meiner TASSE hat bequem ganz *Mikronesien* Platz.

11. **Tod** + Marktführer

    Der TOD wird zum *Marktführer* ernannt.

12. **Tanne** + Landwirtschaftsminister Rutrop

    Auf der TANNE sitzt ein *Landwirt* mit einem *Minister* und zählt in *Ruhe Tropfen*.

13. **Team** + Hundeschlittenrennen

    Das TEAM versucht, mit seinen *Schlitten* die *Hunde* einzuholen.

14. **Teer** + Klinikleiterin Herzzentrum

    Der TEER klebt an der *Klinikleiterin* in *herzförmigen* Mustern.

Wenn Sie nun Ihr Mastersystem als Route wieder abschreiten, fallen Ihnen bestimmt sämtliche wichtigen Fakten aus dem gelesenen Interview wieder ein.

Keine Unsicherheit im neuen Job –
Die Namen und Positionen der zukünftigen Kollegen

Angewandte Methoden: Namen und Gesichter merken, Mastersystem, Dinge miteinander verknüpfen

Es ist im Berufsalltag vermutlich selten der Fall, dass Ihnen jemand vorgestellt wird, ohne dass zumindest seine berufliche Position zur Sprache kommt. Je nach Veranstaltung kommen sogar noch weitere Informationen hinzu, die Sie zur besseren Erinnerung sofort in ein Bild einfügen sollten.

An Ihrem ersten Arbeitstag lernen Sie Ihren Projektleiter kennen: Herr Spitz hat lockige Haare und ist nicht nur der Leiter des Hohenstein-projektes, er hat auch neulich live ein Formel-1-Rennen verfolgt. Sein Sohn ist genau so ein begeisterter Formel-1-Fan.

Ihr Bild könnte also sein: Ein lockiger Spitz (Hund) klettert mit seinem kleinen Welpen (Sohn) auf einen sehr hohen Stein, um von der höchsten Stelle aus ein Autorennen zu verfolgen. Vater und Sohn schwenken dabei begeistert die Flaggen ihres Lieblingsrennstalls.

Überlegen Sie sich nun Bilder oder Szenarien zu den folgenden Personen, die Sie sich als Ihre zukünftigen Kollegen vorstellen sollen:

1. Frau Kantstein ist Controllerin und arbeitet bereits seit 16 Jahren für diese Firma.

   Ihr Bild/Ihre Szene: _____

   _____

2. Herr Sieburg ist Verkäufer. Ihm gehört ein schicker Sportwagen, mit dem er jedes Wochenende in die Schweiz fährt.

Ihr Bild/Ihre Szene: _____

_____

3. Frau Weinek ist Personalleiterin und liebt Ballonfahrten.

Ihr Bild/Ihre Szene: _____

_____

4. Frau Bandrak ist die Technikerin. Sollte Ihr Computer streiken, ist sie die richtige Ansprechpartnerin. In ihrer Freizeit spielt sie gerne Fußball.

Ihr Bild/Ihre Szene: _____

_____

5. Herr Sonneneck ist Geschäftsführer und liest in seiner Freizeit gerne Krimis.

Ihr Bild/Ihre Szene: _____

_____

6. Herr Kolbert betreut das Kundengeschäft und ist passionierter Golfer mit einem Handicap von 34.

Ihr Bild/Ihre Szene: _____

_____

Haben Sie ansprechende Bilder und Szenen finden können? Hervorragend, dann haben Sie wohl schon viele Übungen mitgemacht. Ein häufiges Anwenden dieser Techniken bewirkt nämlich, dass uns immer schneller Szenarien einfallen.

Nun können Sie sicher die folgenden Fragen beantworten:
1. Was liest der Geschäftsführer?
2. Wer hat einen Sportwagen?
3. Wie heißt die Personalleiterin?
4. Welche Aufgabe hat Frau Bandrak?
5. Wie lange arbeitet Frau Kantstein schon in der Firma?
6. Wie heißt der Golfer?

Die Antworten finden Sie im Anhang.

Hier noch die Verknüpfungsvorschläge zu den möglichen Bildern/ Szenen:
1. Frau Kantstein, Controllerin, 16 Jahre
   Ein **kantiger Stein** kontrolliert jede TASCHE.
2. Herr Sieburg, Verkäufer, Sportwagen, Schweiz
   Das **Sieb** wird auf der **Burg** verkauft, damit er es sich leisten kann, mit seinem Sportwagen jedes Wochenende in die Schweiz zu fahren.
3. Frau Weinek, Personalleiterin, Ballonfahrten
   Sie **weint** in der **Ecke** vor Freude, dass das gesamte Personal mit in den Ballon steigt.
4. Frau Bandrak, Technikerin, Fußball
   Am **Band** hängt eine **Rakete** die gerade technisch überholt wird. Jetzt hat sie wieder Zeit zum Fußballspielen.
5. Herr Sonneneck, Geschäftsführer, Krimis
   Statt Geschäfte zu führen, sitzt er gerne in der **Ecke** seines Büros in der **Sonne** und liest Krimis.
6. Herr Kolbert, Kundengeschäft, Golf, Handicap 34
   Mit seinen **Koll**egen geht **Bert** (aus der Sesamstraße) zu seinen Kunden auf den Golfplatz und schlägt den Ball ins MEER.

Wenn Sie Ihre Kollegen nun im nächsten Gespräch zum Beispiel auf ihre Hobbys wieder ansprechen, werden Sie merken, wie sehr genaues Zuhören und Erinnern geschätzt werden.

Adäquat auf neue Informationen reagieren können

Angewandte Methoden: Loci-Methode, Mastersystem, Namen und Gesichter merken
Manchmal erhält man im Beruf spontan eine Menge an Informationen, auf die man vielleicht gerade nicht vorbereitet ist. Auch kann man nicht immer schnell das Notizbuch zücken, sondern versucht einfach, sich vom Gehörten möglichst viel zu merken, um darauf eventuell zurückkommen zu können.

Stellen Sie sich die folgende Situation vor: Ihr Vorgesetzter bittet Sie, kurz zu einem Gespräch dazuzukommen, auf das Sie sich überhaupt nicht vorbereiten konnten. Dies sieht ungefähr so aus:

„Hallo Herr Kurz, ich möchte Ihnen gerade schnell Frau Resebeck vorstellen, sie arbeitet ab jetzt im Controlling. Vielleicht kennen Sie sich ja, Frau Resebeck hat letztes Jahr den Vortrag am Kaiserinstitut gehalten. Nicht? Frau Resebeck kommt von der Firma Plaubert und Co., da hat sie auch schon sehr erfolgreich Umstrukturierungsmaßnahmen erarbeitet. Sie möchte in nächster Zeit auch unsere Abteilung durchleuchten und braucht dafür die aktuellen Umsatzzahlen. Wir werden uns dann demnächst öfter zusammensetzen, am besten immer dienstags um 11.30 Uhr, da werden wir dann Ihre einzelnen Kostenstellen durchgehen. Bis dann.“

Ein aufmerksamer Zuhörer sollte sich die folgenden Stichpunkte gemerkt haben:

1. Frau Resebeck
2. Controlling
3. Kaiserinstitut
4. Plaubert & Co.
5. Umstrukturierungsmaßnahmen
6. Aktuelle Umsatzzahlen
7. Dienstags 11.30 Uhr
8. Kostenstellen

Jetzt haben Sie schon viel Erfahrung mit den verschiedenen Merkmethoden, so dass die folgende Übung ein Leichtes sein wird. Wie
Sie sehen, sind hier sehr unterschiedliche Informationen vorhanden:
Namen, Termine, Fakten. Da es aber nicht viele sind, können Sie diese
getrost am Körper ablegen. Auf geht's:

1. _____

2. _____

3. _____

4. _____

5. _____

6. _____

7. _____

8. _____

Haben Sie alle Informationen abgelegt? Sehr gut.

Hier noch meine Bilder als Anregung:
1. Zu meinen **Füßen** steht ein kleines *Reh*, das aus einem *See* trinkt
   und dann ins *Becken* pieselt.
2. Meine **Knie** wollen wieder alles *kontrollieren*.
3. Mein **Gesäß** sitzt in einem leckeren *Kaiserschmarrn* – geradezu *in-
   stitutionell*.
4. Um meinen **Bauchnabel** stehen *der blaue Bert* und *Konsorten*.
5. Mein **Dekolleté** ist dabei, sich *umzustrukturieren*.
6. Unter meine **Achselhöhlen** sind die Unterlagen mit den *neusten
   Umsatzzahlen* geklemmt.
7. Auf meiner **Schulter** ist eine *Dienstmarke* geheftet, die der TOD gerade mit MOOS dekoriert.
8. In meinem **Mund** zerbeiße ich gerade die *Kostenstellen*.

Wenn Sie nun mit mir zusammen alle Übungen absolviert haben, dann dürfte es Ihnen leichtfallen, Merktechniken und -methoden in Ihren beruflichen Alltag zu integrieren. Je häufiger Sie tatsächlich mit der Loci-Methode und Co. arbeiten, desto selbstverständlicher werden Sie die für Sie relevanten Daten einfach im Kopf behalten.

Nachdem wir nun den Kopf als hervorragenden Speicherort für Informationen fit gemacht haben, wenden wir uns der Gedächtnisorganisation zu – damit Sie möglichst effizient und entspannt mit Ihrem Kopf umgehen.

Gedächtnisorganisation – Mit freiem Kopf mehr Leistung

Habe ich den Kopierer ausgemacht? – Aufmerksamkeit bewusst steuern

Es gibt ein paar Dinge, die wir regelmäßig tun – und genau deshalb wissen wir manchmal nicht, ob wir sie nun gerade heute gemacht haben. Ein einfaches Beispiel: Jedes Mal, wenn wir aus dem Lagerraum kommen, schließen wir ihn ab. Vermutlich auch, wenn wir in Gedanken bereits bei der Wochenendplanung sind oder sonst irgendwie abschweifen. Wir wissen es aber dann nicht mit Sicherheit.

Das Gleiche gilt für den Kundentermin – wir packen grundsätzlich unsere Visitenkarten, den Autoschlüssel, das Handy sowie die neusten Prospekte ein, bevor wir losfahren. Wenn wir nun im Auto darüber nachdenken – sind wir dann sicher, ob wir die Visitenkarten wirklich eingesteckt haben?

Nun sind die meisten kleinen Unaufmerksamkeiten nicht wirklich dramatisch. Visitenkarten kann man zum Beispiel nachschicken und dabei sogar mit einem persönlichen Schreiben nochmals auf sich aufmerksam machen. Es gibt jedoch durchaus Dinge, die elementar sind. Wenn ich während eines Auslandsaufenthaltes meine Kreditkarte im Automaten stecken lasse, könnte dies zahlreiche Laufereien nach sich ziehen. Ein Hotel, in welchem die Buchungen vergessen wurden, darf sich nicht über ausbleibende Gäste wundern, und auch Lehrlinge, die die Werkstatt nicht abschließen, könnten mächtig Ärger bekommen. Und kaum etwas ist unangenehmer, als sich abends vor dem Einschlafen fragen zu müssen, ob man den Safe in seinem Juweliergeschäft wirklich abgeschlossen hat.

Wichtige Handlungen sollten im Gehirn bewusst vorgenommen werden, damit man sie nicht übersieht – gerade wenn tägliche Routine eine Rolle spielt. Natürlich gibt es diverse Hilfsmittel und Kontrollmechanismen – das geht von wenig freundlichen Anweisungen, die an Bürotüren kleben (LICHT AUS! DRUCKER AUS!), bis zu hoch technisierten Maschinen, die akustisch oder visuell erkennen lassen, dass ein Arbeitsschritt ausgelassen wurde. Häufig stehen uns jedoch keine derartigen Hilfsmittel zur Verfügung oder sie sind nicht effektiv.

Ich nutze also meine Sinne und meine Aufmerksamkeit, um bewusst jeden notwendigen Arbeitsschritt abzuspeichern: Ich drücke auf den Schalter am Kopierer, sehe, wie die einzelnen Lichter ausgehen, und höre vielleicht noch, wie sich die Sortieranlage zurücksetzt. Jetzt ist der Kopierer aus.

Wenn Sie in Ihrem Arbeitsleben auf „unbewusste" Prozesse stoßen, holen Sie diese aktiv in Ihr Bewusstsein: Sei es durch lautes oder leises Vorsagen der einzelnen Schritte, durch eine Checkliste, auf der Sie die einzelnen Punkte abhaken, oder durch ein elektronisches Gerät, in dem Sie für jeden Tag eintragen, dass Sie die Schritte durchgegangen sind – probieren Sie einfach aus, womit sich Ihre Aufmerksamkeit am leichtesten steuern lässt – und wenden Sie diese Methode dann konsequent an. Für einen ruhigen Schlaf.

Genießen Sie Stress und vermeiden Sie Stress

Wie bereits aus der Überschrift zu erkennen ist: Die Sache mit dem Stress ist zwiespältig. Wenn uns jemand erzählt, er sei gerade so im Stress, bedeutet das meist, dass er angespannt ist, keine Zeit für irgendetwas hat und dass er möglicherweise dringend Urlaub bräuchte. Mit Stress verbinden wir oft etwas Negatives.

Dabei bedeutet Stress an sich ja zunächst nichts anderes als körperliche oder psychische Anspannung, auf die der Körper mit der Freisetzung von Hormonen reagiert: Es werden Adrenalin, Noradrenalin und Kortisol ausgeschüttet. Nun sind auch diese Hormone zunächst nichts Schlechtes, solange wir uns nicht einem „Dauerbeschuss" aussetzen. Denn dies kann wiederum zu Leistungsabfall und Aufmerksamkeitsdefiziten führen. Erkennt man ein Übermaß an Stress, sollte man dem aktiv etwas entgegensetzen: Sport, Autogenes Training, Yoga, Atemübungen, eine Überprüfung der inneren Einstellung oder tatsächlich eine Änderung der stressverursachenden äußeren Umstände. Stress sollte – wenn er schon nicht vermieden werden kann – zumindest auf ein annehmbares Maß zurechtgestutzt werden.

Auf der anderen Seite kann Stress auch etwas Positives bewirken: Es werden unglaubliche Energien freigesetzt, wenn jemand mit Engagement, Lust und Selbstbewusstsein an eine Aufgabe herangeht, die ihm einiges abverlangt und auf deren Lösung man anschließend zu Recht stolz sein kann. Diesen positiven Stress sollte man durchaus genießen und aus diesen besonders aktiven Phasen Energie und Selbstvertrauen ziehen. Denn kaum etwas ist zufriedenstellender als die Bewältigung einer Aufgabe, die einiges an Anstrengungen erfordert hat.

Stress ist es also wert, dass wir uns mit ihm auseinandersetzen: Schadet oder nützt er mir, ist er vielleicht vermeidbar?

Nehmen Sie sich ein wenig Zeit, um Ihren möglichen Stress zu überdenken. Sonst könnte auf Sie irgendwann der Satz von Herrn Uhlenbruck zutreffen: „Man glaubt immer alles erledigen zu müssen, bis man selbst ganz erledigt ist."[34] Lassen Sie es nicht soweit kommen.

Den Tag planen und trotzdem spontan bleiben

Obwohl es erst einmal widersprüchlich klingt: Spontaneität und eine gute Planung schließen sich nicht aus. Im Gegenteil. In einem stressigen Berufsalltag ist Spontaneität ohne Planung kaum möglich, weil kein zeitlicher Puffer für Unvorhergesehenes vorhanden ist.

Planen Sie also Ihren Tag und beachten Sie dabei die folgenden Hinweise:

Nutzen Sie Terminkalender.
Dabei ist es unerheblich, ob Sie einen klassischen Papierkalender oder die Kalenderfunktion in Ihrem Handy benutzen. Hauptsache, Sie beschäftigen sich frühzeitig mit Ihrem Tagesablauf und behalten so stets die Übersicht. Die elektronischen Kalender bieten zudem den Vorteil, dass Sie visuell oder akustisch an die Eintragungen erinnert werden, so dass Sie nicht einmal mehr daran denken müssen, in den Kalender zu schauen.

Priorisieren Sie richtig.
Auch wenn Sie die Regeln möglicherweise schon mehrmals gehört haben – behalten Sie die Grundsätze der Priorisierung nach Eisenhower im Kopf. Der frühere US-Präsident unterteilte die zu erledigenden Dinge in vier Kategorien:

- Dringend und wichtig – diese Aufgaben werden umgehend persönlich erledigt.
- Dringend und nicht wichtig – diese Aufgaben werden umgehend an die richtigen Mitarbeiter delegiert.
- Nicht dringend und wichtig – diese Aufgaben erhalten einen Termin, zu dem sie persönlich erledigt werden.
- Nicht dringend und unwichtig – diese Aufgaben werden überhaupt nicht bearbeitet bzw. wandern konsequent in den Papierkorb.

Auch wenn es mittlerweile ausgefeilte Projektmanagementmethoden, Hilfsmittel und Technologien gibt, die uns in vielerlei Hinsicht nützen: Priorisieren müssen Sie immer noch selbst.

Hinterfragen Sie Ihren Perfektionismus.
Genauso bemerkenswert wie das Eisenhower-Prinzip bleibt die 80/20-Regel nach Vilfredo Pareto (1848–1923). Der italienische Ingenieur, Ökonom und Soziologe hatte nachgewiesen[35], dass 80 % des Vermögens der italienischen Bevölkerung nur 20 % der Familien gehörten. Dieses Verhältnis findet sich in vielen Bereichen des Alltags und der Wirtschaft: 20 % der Kunden einer Firma bestreiten oft 80 % des Umsatzes und mit ungefähr 20 % des Gesamtaufwandes können viele Menschen 80 % ihrer Aufgaben erfüllen. Die verbleibende Zeit verbringt man mit der Erledigung des viel geringeren Anteils der Gesamtaufgaben. Was soll uns dies bezogen auf unsere Zeiteinteilung und unsere Arbeit sagen? Perfektionismus ist nicht das Nonplusultra! Natürlich funktioniert nicht alles nach dem Pareto-Prinzip. Manche Dinge – wie Operationen, die Fertigung von Autos oder Flugzeugen, das Zusammenstellen der Bewerbungsunterlagen – müssen perfekt sein, da 80 % des gewünschten Ergebnisses an dieser Stelle nicht ausreichen. Wenn die Prioritäten aber richtig gesetzt sind, kann das Pareto-Prinzip den Arbeitsalltag ungemein erleichtern.

Delegieren Sie, wo es möglich ist.
Wenn Sie im Team arbeiten, kann man meist eine sinnvolle Aufteilung besprechen.

Lernen Sie Nein-Sagen.
Wenn Sie zum Beispiel merken, dass Ihnen zu viele Aufgaben zugeteilt werden, geben Sie zu erkennen, dass Ihr Zeitrahmen limitiert ist. In den meisten Fällen findet sich dann tatsächlich eine andere Lösung.

Planen Sie Ihre wichtigen Aufgaben im Voraus.
Versuchen Sie, möglichst genau abzuschätzen, wie viel Zeit Sie in den nächsten Tagen für die Erledigung Ihrer Aufgaben brauchen. Und dann planen Sie einen Zeitpuffer für Unerwartetes ein. So können Sie sicher sein, dass Sie bis zum geplanten Abgabetermin auch tatsächlich alles erledigt haben.

Auch wenn Ihnen derartige Planungen zunächst vielleicht zu aufwändig erscheinen: Versuchen Sie es einfach einmal. Sie werden bald erkennen, dass Sie viel sicherer in der Einschätzung Ihrer benötigten Zeit werden. So können Sie dann ohne Weiteres Unvorhergesehenes dazwischenschieben.

Gegen die Aufschieberitis

Wie entspannend ist es, sich zum Ende des Tages gar nicht mehr mit beruflichen Dingen zu beschäftigen, weil wir wissen, dass wir alles getan haben, was notwendig und wichtig war! Diese wohlverdiente Entspannung ist äußerst angenehm. Was passiert jedoch, wenn uns dabei eine innere Stimme dauernd ermahnt, dass eine ungeliebte Aufgabe doch wieder liegen geblieben ist? Wenn uns der Feierabend oder auch eine wichtige Arbeit dadurch erschwert wird, dass unsere Gedanken immer wieder zu dieser einen Aufgabe zurückwandern?

Fast jeder kennt diese ungeliebten Aufgaben – und die Energien, die mitunter aufgebracht werden, um diese Aufgaben wieder erst morgen erledigen zu müssen: Da wird der Schreibtisch geputzt, der Mailordner umsortiert oder es werden Statistiken erstellt, obwohl diese Aufgaben eigentlich gerade überhaupt keine Priorität haben. Hauptsache, man kann vor sich selbst rechtfertigen, warum man diese eine Aufgabe heute wieder auf keinen Fall erledigen konnte. Schafft man es, auf diesem Wege über einen längeren Zeitraum wichtige Aufgaben zu verdrängen, spricht man umgangssprachlich von Aufschieberitis, für die es auch ein Fachwort gibt: Prokrastination (Latein: *pro* = für und *cras* = morgen). Gebräuchlicher als im Deutschen ist dies im englischen Sprachraum. So sagte bereits der Dichter Edward Young (1683–1765): „*Procrastination is the thief of time.*"[36]

Das Phänomen der Aufschieberitis ist wesentlich verbreiteter, als Sie vermutlich denken. Beim „International Meeting on the Study of Procrastination" im Jahr 2005 wurde der Anteil der „Aufschieber" gar bei 20 % der Bevölkerung gesehen, unabhängig von der Nationalität.[37] An der Universität Münster wurde eigens eine Prokrastinationsambulanz eingerichtet, für den Fall, dass die Aufschieberitis zu anhaltender Belastung führt.[38] Wir gehen hier an dieser Stelle jedoch nicht davon aus, dass die Aufschieberitis bereits derartige Formen angenommen hat.

In der Regel werden Sie selbst erkennen, wann der Moment gekommen ist, in dem aus klugem Abwarten ein unangenehmes Aufschieben wird. Ist dieser Moment erreicht, können Ihnen die folgenden Regeln dabei helfen, dem inneren Schweinehund ein Schnippchen zu schlagen:

Setzen Sie sich ein leicht erreichbares, kurzfristiges Ziel.
Ich arbeite genau zehn Minuten an meiner Präsentation. Jetzt. Wenn der Anfang nicht klappt, wähle ich einfach einen Abschnitt aus der Mitte. Danach habe ich schon mal ein paar Sätze und kann mich belohnen. Ob Sie dann tatsächlich nur zehn Minuten arbeiten oder sogar nach der nun überwundenen Starthemmung zwei oder drei Stunden schaffen, bleibt Ihnen überlassen. Ihr Ziel haben Sie bereits nach nur zehn Minuten erreicht und können stolz auf sich sein.

Tragen Sie sich einen fixen Anfangszeitpunkt in Ihren Kalender ein.
Die Herausforderung liegt im Anfang. Legen Sie sich also einen Termin fest, an dem Sie beginnen wollen.[39] Dieser Termin muss dann bei der weiteren Tagesplanung berücksichtigt werden.

Planen Sie realistisch.

Wenn Sie gut kalkulieren, wie viel Zeit Sie für eine Aufgabe benötigen, können Sie auch den passenden Zeitraum dafür einplanen und werden nicht von der Tatsache „überrascht", dass Sie nun trotz Planung unter Zeitdruck geraten.

Machen Sie sich eine große bunte Aufgabenliste.

Aufgabenlisten sind eigentlich altbekannt und haben sogar ihre Tücken – beispielsweise wenn sie zum Selbstzweck werden oder so viel Unbehagen hervorrufen, dass man die Liste am liebsten gleich wieder in irgendeinem Stapel verschwinden lassen würde. Deshalb gilt: Machen Sie die Liste groß, bunt und freundlich. Notieren Sie hier auch Belohnungen wie Computerspielen oder Kaffeetrinken[40], und streichen Sie alles ordentlich weg, was Sie erledigt haben. Dann bewirkt die Liste Positives und bringt Sie zum richtigen Dreischritt: hinsetzen, anfangen, durchhalten.

Beachten Sie Ihre eigene Priorisierung.

Lassen Sie nicht zu, dass die ungeliebte Aufgabe durch Ablenkungsaufgaben an Priorität verliert. Wenn Ihnen gerade eine Aufgabe einfällt, die Sie für wichtiger erachten als die, die Sie schon dauernd vor sich herschieben, schreiben Sie die „störende" Aufgabe auf ein Blatt Papier, welches Sie anschließend sofort beiseitelegen. Die scheinbar wichtigere Aufgabe kann so nicht vergessen werden, hindert Sie aber auch nicht an der Erledigung der eigentlichen Aufgabe. Sie können vielleicht auch Aufgaben delegieren oder zumindest eine Person Ihres Vertrauens mit ins Boot holen. Dann geht vieles gleich wesentlich leichter.

In einigen Fällen hat die Prokrastination im Übrigen auch ihr Gutes: Manche Aufgaben lassen sich möglicherweise ein paar Tage später kompetenter lösen oder müssen überhaupt nicht mehr gelöst werden.[41] Darauf kann man sich nur leider nicht verlassen.

Multitasking – Mythos und Wahrheit

Mit dem Multitasking ist es in der heutigen Zeit so eine Sache: Erst tauchte der Begriff quasi aus dem Nichts auf, dann wurde die Fähigkeit zum Nonplusultra und zur Grundvoraussetzung für jeden Job erklärt, direkt wieder verteufelt und als hinderlich dargestellt[42], schließlich nur noch 50 % der Bevölkerung – nämlich den Frauen – zuerkannt und am Ende gar als überhaupt nicht existent bezeichnet.

Was ist also eigentlich Multitasking?

Die meisten Menschen verstehen darunter vermutlich einfach das gleichzeitige Erledigen von zwei oder mehreren beliebigen Aufgaben (englisch = *tasks*). Nach dieser Definition kann wohl jeder von sich behaupten, multitaskingfähig zu sein: Ich kann beim Lesen meiner E-Mails zum Beispiel prima in mein Brötchen beißen und auch noch meinen Kaffee umrühren. Manch einer kann sich beim Telefonieren die Brille putzen. Oder beim Polieren des Schreibtisches die Lösung für das im letzten Meeting angesprochene Problem finden. Darum geht es aber eigentlich beim Multitasking nicht, weil diese Aufgaben nicht gleichwertig sind. Ich muss mich weder auf meinen Kaffee noch auf die unpolierte Schreibtischfläche sehr konzentrieren, um meine „Aufgabe" zu lösen. Derartiges läuft einfach nebenher und lenkt nicht besonders von einer anspruchsvolleren Tätigkeit ab.

Aber gleichzeitig einem Bericht im Radio zuhören und einen komplizierten Fachaufsatz lesen, das wird schwierig. Warum eigentlich? Das Gehirn neigt dazu, bei zwei hochwertigen Aufgaben immer wieder zwischen diesen hin- und herzuschalten. So entsteht zwar der Eindruck von Gleichzeitigkeit, aber wirklich gut gelöst wird vermutlich keine der beiden Aufgaben.

Im Arbeitsleben ist der Anspruch an andere oder auch an sich selbst, mehrere Dinge gleichzeitig durchzuführen, dank des PCs um zumindest ein weiteres Medium angestiegen. Schließlich kann man E-Mails „nebenbei" erledigen oder irgendwelche Fragen der Kollegen mittels Instant Messenger ad hoc beantworten. Auf die Idee, dass diese Arbeitsweise nicht unbedingt die effektivste ist, kam man jedoch bereits vor einigen Jahren.[43] Trotzdem wird Multitasking in vielen Jobs immer noch verlangt, da es noch zu wenig bekannt ist, dass es dem menschlichen Gehirn nur sehr schwer möglich ist, mehrere komplizierte Aufgaben gleichzeitig zu lösen.[44]

Mein Tipp: Bearbeiten Sie verschiedene Aufgaben nicht parallel, sondern bemühen Sie sich, diese tatsächlich nacheinander abzuarbeiten, soweit es mit Ihrer Arbeitspraxis vereinbar ist. E-Mails könnten zum Beispiel immer um 11 Uhr und um 15 Uhr bearbeitet werden, der Instant Messenger kann bei der Durchführung wichtiger Aufgaben ausgeschaltet bleiben, und bei Unterbrechungen wird die unterbrochene Aufgabe erst wieder aufgenommen, wenn der Grund für die Unterbrechung – zum Beispiel ein Telefonat – abgehakt ist. So erledigen Sie ebenfalls alle Ihre Aufgaben, und zwar vermutlich besser und stressfreier als mit vermeintlichem Multitasking.

Konzentration lässt sich steigern

Wahrscheinlich kennen Sie das: Da lesen Sie gerade einen Fachartikel und merken schließlich, dass Sie kein Wort von dem behalten haben, was dort stand. Oder Sie bemerken, dass Sie zwar seit zwanzig Minuten in einem Meeting sitzen, aber schon seit geraumer Zeit nicht mehr verfolgen, wie die Diskussion zwischen Ihren Kollegen eigentlich abläuft.

Wenn Sie Ihren Gesprächspartner akustisch gut hören konnten, die Informationen jedoch trotzdem nicht bewusst in Ihrem Gehirn ankamen, dann liegt es vermutlich daran, dass Sie in dem Gespräch nicht wirklich konzentriert waren: Sei es, weil das Thema Sie nicht sonderlich interessiert oder weil Sie in Gedanken gerade mit etwas ganz anderem beschäftigt sind. Vielleicht waren Sie auch einfach nur zu müde, um einer Konversation detailliert zu folgen, da der bisherige Arbeitstag Sie sehr gefordert hat. Neben Desinteresse und Übermüdung können weitere Faktoren wie Antriebslosigkeit, Überforderung, Unterforderung, Lärm, Routine und Stress dazu führen, dass wir bei Tätigkeiten, die unsere ganze Konzentration fordern, nicht „dabei" sind.

Konzentration ist ein wichtiger Faktor unserer mentalen Fitness, bildet die Grundlage für unsere Merkfähigkeit und bedeutet, seine Aufmerksamkeit für einen bestimmten Zeitraum gezielt auf eine Sache zu lenken, diese aufzunehmen und zu verarbeiten.

Wie können Sie nun Ihre Konzentration stärken, fördern und verbessern? Die nachfolgenden Punkte bringen Sie da auf den richtigen Weg.

Aufmerksamkeit erzeugen

Bündeln Sie Ihre Gedanken und Ihre Aufmerksamkeit mit allen Sinnen gezielt nur auf die bestimmte Sache, die Sie jetzt bearbeiten möchten. Verzichten Sie darauf – soweit dies möglich ist –, diese Tätigkeit durch eine andere Aufgabe zu unterbrechen. Eins nach dem anderen!

Den eigenen Biorhythmus beachten

Die geistige und körperliche Leistungsfähigkeit unterliegt Schwankungen im Laufe des Tages. Sind Sie gerade morgens so richtig fit? Dann nutzen Sie dieses Wissen, indem Sie wichtige Arbeiten in die frühen Vormittagsstunden verlegen. Ablage und ähnliche Tätigkeiten können dann am Nachmittag bearbeitet werden. Versuchen Sie also, Ihre Arbeit Ihrem Biorhythmus anzupassen und nicht umgekehrt – wenn es Ihr Berufsalltag erlaubt.

Ordnung muss sein – im Kopf und auf dem Schreibtisch

Ein aufgeräumtes Arbeitszimmer und ein von möglichen Ablenkungen befreiter Schreibtisch sind eine gute Voraussetzung für einen konzentrierten Arbeitstag. Man weiß nicht nur, wo alles steht und liegt, sondern wird auch nicht abgelenkt. Anders sieht das aus, wenn das Bestellformular für die nächste Materiallieferung, noch offene Rechnungen, die neusten Zeitschriften und lose Akten vor und neben der Tastatur liegen und ständig unsere Aufmerksamkeit auf sich ziehen.

Und wenn die Gedanken trotz Ordnung immer wieder wegwandern – stoppen Sie diesen Prozess! Welcher Gedanke unterbricht Ihre Konzentration? Vielleicht ist es nur ein offenes Fenster, das Sie stört. Dann schließen Sie es einfach. Thema erledigt. Sollte es sich jedoch um das Buchen der Bahntickets handeln, was auch noch morgen erledigt werden kann, dann schreiben Sie sich diesen Punkt kurz in Ihre Aufgabenliste. So hat die geistige Ablenkung Ihre Wertschätzung erhalten und Sie brauchen sie nicht unnötig in Ihrem Kopf „mitzutragen". Und haben Platz und Raum für die anstehende Aufgabe.

Eine lärmfreie Umgebung

Sorgen Sie im Rahmen Ihrer Möglichkeiten für einen ruhigen Arbeitsplatz. Ein komplexer Gedankengang kann jäh unterbrochen werden durch ein Telefonklingeln oder einen Kollegen, der ins Büro schneit. Gerade in Großraumbüros ist es nicht einfach, sich diesen Situationen zu entziehen. Versuchen Sie es trotzdem – indem Sie sich vielleicht in einen Besprechungsraum setzen, das Telefon auf einen Kollegen umleiten (Sie sollten ihm das vorher vielleicht sagen) oder den Status im Instant Messenger auf „beschäftigt" stellen. Auch Ohrstöpsel können manchmal hilfreich sein, wenn Sie nicht gerade in einem Call Center arbeiten.

Das Interesse und die eigene Motivation bewusst machen

Wenn Ihr Kollege gerade die neusten Börsenberichte auf dem Monitor verfolgt, können Sie ihn vermutlich nur schwer ablenken. Er kann so in die Materie versunken sein, dass er Sie gar nicht sieht oder hört. Eine hohe Form der Konzentration.

Nun gibt es im Arbeitsleben durchaus Tätigkeiten, die nicht so spannend sind und uns gerne aus dem Fenster schauen und förmlich auf Ablenkungen warten lassen. In diesem Fall könnten wir versuchen, uns die Motivation für diese Tätigkeit ins Gedächtnis zu rufen: Eventuell lernen wir hierbei endlich die wichtige neue Software kennen und werden so zum Spezialisten. Möglicherweise bringt uns die Tätigkeit in der Karriere weiter. Vielleicht rufen wir uns auch einfach ins Gedächtnis, dass sich unser Job durch Abwechslung auszeichnet und deshalb weniger spannende Tätigkeiten auch dazugehören. Mit einer positiven Einstellung lässt sich selbst die Ablage schnell erledigen.

Schlafen dient nicht nur der Erholung

Aller guter Wille und jede noch so hohe Motivation nützen nicht viel, wenn Sie sich permanent die Nächte um die Ohren schlagen. Ihre Konzentration wird darunter einfach leiden. Regelmäßiger und ausreichender Schlaf ist die Basis für ein konzentriertes Arbeiten. Zudem ist Schlaf für Ihr Gehirn und Ihr Gedächtnis wichtig, weil hier Informationen aufgearbeitet werden und die Kreativität gefördert wird.[45]

Pausen zahlen sich aus

Nach einer gewissen Zeit der intensiven Arbeit sind wir nicht mehr effizient. Fehler schleichen sich ein, und wir brauchen deutlich mehr Zeit, Dinge fertig zu stellen. So wie unser Körper nach sportlicher Tätigkeit eine Erholungszeit braucht, so gilt dies auch für unseren Geist. Schulstunden werden normalerweise nach 45 Minuten beendet, Vorlesungen sind in der Regel nicht länger als 90 Minuten am Stück, und auch kluge Veranstalter planen genügend Pausen in ihre Tagesveranstaltungen mit ein – auch damit das Gelernte konsolidiert werden kann. Versuchen Sie also, regelmäßige Pausen in Ihren Arbeitstag einzubauen. So sparen Sie im Endeffekt sogar Zeit, weil Sie konzentrierter arbeiten können.

Etwas Bewegung für zwischendurch

Wenn in den Kopf einfach nichts mehr rein will, dann könnten Sie eine kleine Runde um den Block gehen oder am offenen Fenster ein paar Gymnastikübungen machen. Sie werden überrascht sein, wie fit Sie sich durch den angeregten Kreislauf und die Extraportion Sauerstoff fühlen können.

Entdecken Sie neue Arbeitsmethoden

Es werden immer wieder Methoden und Techniken entwickelt werden, die ein Arbeitsgebiet wirkungsvoller, übersichtlicher, effizienter oder einfacher machen sollen. Selbstverständlich können Sie Bewährtes nutzen, wenn es Sie rundum zufrieden stellt. Sie können sich jedoch auch ab und zu ansehen, wie andere Menschen Herausforderungen bewältigen. Vielleicht ist eine Methode, eine Software oder ein Tool dabei, welchem Sie noch keine Beachtung schenken konnten? Ein Blick über die eigene Routine hinaus kann die Konzentration sehr fördern und lohnend sein.

Vielleicht sind nicht alle hier aufgeführten Tipps für jeden geeignet. Jeder Mensch ist anders. Und womöglich hat Sie einfach nur das fürchterliche Poster im Büro von einem konzentrierten Arbeiten abgelenkt – und wird jetzt abgehängt. Der Hirnforscher Martin Korte meint, dass Konzentration harte Arbeit ist.[46] Damit hat er sicherlich Recht. Aus eigener Erfahrung kann ich sagen, dass oft nicht alle Punkte direkt umgesetzt werden können oder erforderlich sind: Starten Sie einfach einmal mit dem einen oder anderen Tipp wie dem aufgeräumten Schreibtisch. Auf jeden Fall sollten Sie etwas unternehmen, wenn Sie merken, dass Sie zu oft abschweifen. Es hilft.

DAS muss ich mir NICHT merken

Genauso wichtig wie die Erkenntnis darüber, was ich mir alles merken möchte und für welchen Anlass ich es benötige, ist das sichere Wissen, dass es zahlreiche Dinge gibt, die ich mir NICHT merken muss.

Niemand braucht ganze Datenbanken mit Kundeninformationen, Telefonbücher oder Bedienungsanleitungen aller Elektrogeräte auswendig lernen. Es reicht in vielen Fällen zu wissen, wo man im Zweifel etwas findet beziehungsweise wen man fragen kann. Als Controller ist es nicht Ihr Job, die Geburtstage aller Mitarbeiter zu wissen, als Systemadministrator brauchen Sie nicht sämtliche Umsatzsatzzahlen der letzten Jahrzehnte parat haben, und als Buchhalter müssen Sie nicht den Dienstwagen reparieren können.

Nutzen Sie verlässliche Hilfsmittel, um Informationen „auszulagern", damit Ihr Kopf frei ist für die Dinge, die Ihnen wichtig sind und die Sie sich wirklich merken wollen. In größeren Firmen könnten Sie sich zum Beispiel eine Übersicht erstellen, wer für was zuständig ist – sofern diese Daten nicht ohnehin zur Verfügung stehen. Verwenden Sie übersichtliche Datenbanken, um Ihre Kundenkontakte zu verwalten. Bleiben Sie weiterhin offen für technische Neuerungen. Denn auch damit ist Ihrem Geist gedient: dem sicheren Wissen, dass sich um bestimmte Informationen jemand anderes kümmert.

Mind Mapping – Die etwas andere Gedankenordnung

Wollen Sie Ihre Gedanken zu einem bestimmten Thema in eine sehr übersichtliche bildhafte Struktur bringen, so kann Ihnen die Erstellung einer Mind Map dabei helfen. Wie eine solche aussehen könnte, sehen Sie auf Seite 8/9. Dort habe ich das Inhaltsverzeichnis dieses Buches dargestellt. Mind Maps, so sagt der Entwickler dieser Technik, Tony Buzan, stellen eine Art „geistige Landkarte" dar. [47]

Meist findet diese kreative Methode Einsatz beim Bearbeiten von bestimmten Themen: Gesetzestexte, medizinisches Fachwissen oder verschiedene Marketingtheorien erhalten durch Mind Maps eine übersichtliche Struktur, verlieren an Komplexität und lassen sich leichter merken. Zudem werden Mind Maps genutzt, um Vorhaben wie den nächsten Umzug darzustellen, Vorträge kurz bildhaft zu notieren, ein Brainstorming zu begleiten oder einfach zur Zusammenfassung verschiedener Gedankengänge.

Gerade wenn Sie eine Mind Map selbst erstellt haben, prägt sich dieses Bild mit seinen Informationen besonders nachhaltig in Ihrem Gedächtnis ein.

Die Technik des Mind Mapping ist denkbar einfach, wobei es ein paar Regeln zu befolgen gibt, um die maximale Effektivität zu erzielen. Beachten Sie bei der Erstellung Ihrer Mind Map die folgenden Punkte:[48]

- Starten Sie mit Ihrem Thema und/oder einem entsprechenden Symbol in der Blattmitte.
- Lassen Sie vom Zentrum aus je nach Wichtigkeit dünne und dicke Verbindungen ausgehen, die Unterthemen darstellen, die wiederum Unterpunkte enthalten können.
- Versehen Sie die Linien mit den entsprechenden markanten Stichpunkten.
- Arbeiten Sie mit optischen Hervorhebungen.
- Nutzen Sie verschiedene Farben, Symbole und Bilder.

Es gibt auch Software, die Sie bei der Erstellung von Mind Maps unterstützt. Und wenn Sie Themen wiederholen wollen, die Sie vielleicht vor einiger Zeit mittels einer Mind Map verinnerlicht haben, werden Sie merken, wie schnell Sie sich bei deren bloßem Anblick selbst an komplexe Details wieder erinnern können.

Bonus: Die kleinen Tricks der geistigen Fitness

Nun haben wir nicht nur die richtigen Merktechniken parat, sondern wissen auch noch, wie wir möglichst systematisch unsere Gedanken auf die für das Berufsleben wichtigen Informationen lenken. Was können wir sonst noch für unseren Denkapparat tun?

Wahrscheinlich tun Sie unbewusst schon weitaus mehr, als Sie denken, denn vieles, was einfach Spaß macht, gesund ist und uns unter Menschen bringt, ist auch gut für unser Gehirn.

Lesen Sie nun, wie Sie sich und Ihr Gehirn weiterhin fit und leistungsfähig halten.

Lachen Sie viel

Wer viel lacht, lebt gesünder. Und besser.
Wir sollten uns bewusst werden, wie wichtig Lachen für unsere Seele und unseren Körper ist: Die Atmung wird angeregt und so die Aufnahme von Sauerstoff beschleunigt. Der Blutdruck wird gesenkt, die Skelettmuskulatur entspannt sich, und das Immunsystem wird gestärkt. Durch Lachen werden Stresshormone abgebaut und Endorphine freigesetzt.[49] Lachen tut dem Körper und der Seele so gut, dass es sogar als Therapie eingesetzt wird.

Es gibt zahlreiche Möglichkeiten, sich ab und zu erheitern zu lassen: ein bisschen Blödeln mit Kollegen, lustige Bücher oder intelligente Komiker. Sollte es mal Schwierigkeiten mit dem Lachen geben, kann man sein Gehirn immer noch ein wenig überlisten. Ein so genanntes „echtes" Lächeln – also eines, das auch die Lachfältchen um die Augen aktiviert – ruft auch ohne gegebenen Anlass Glücksgefühle hervor.[50]
Also: Lächeln Sie!

Genießen Sie täglich frische Luft

Gerade stressige Berufe und das Arbeiten in geschlossenen Räumen lassen uns die notwendige Sauerstoffzufuhr manchmal vergessen, und es wird schwierig, sich tatsächlich jeden Tag zum Rausgehen zu motivieren. Dabei gibt es viele Möglichkeiten, sich selbst täglich vor die Tür zu bringen:

- Einen Hund anschaffen oder zumindest so tun, als müsste man einen ausführen.[51]
- Beim Arbeitsweg eine Busstation früher aussteigen und laufen oder mit dem Fahrrad fahren.
- Die Mittagspause nicht vor dem Rechner, sondern bei einem kleinen Spaziergang verbringen.
- Sich abends mit den Kollegen in einen Biergarten oder ein Freiluftkino setzen statt zu Hause vor den Fernseher.

Am einfachsten ist es natürlich, wenn man sich ein schönes oder sinnvolles Ziel für die Gänge ins Freie setzt und sich danach einfach gut fühlt, weil man weiß, dass man etwas für sein Gehirn getan hat.

Trinken Sie genügend

Unser Körper braucht Flüssigkeit, vor allem unser Gehirn. Wenn wir nicht ausreichend trinken, verlangsamen sich unsere Denkprozesse, und wir werden unkonzentriert.[52]

Die eine Zeit lang häufig propagierten „zwei Liter Wasser pro Tag für jeden" sind vermutlich nicht der Weisheit letzter Schluss.[53] Jeder Mensch benötigt unterschiedlich viel Flüssigkeit. Dies hängt unter anderem von dem Verbrauch und der Körperfülle ab.

Stellen Sie sich also einfach Wasser an Ihren Arbeitsplatz und trinken Sie, sobald Sie Durst verspüren. Schon wirken Sie dem potenziellen Leistungsabfall bewusst entgegen.

Spielen Sie

Forschungsergebnisse des amerikanischen Psychobiologen Jaak Panksepp haben gezeigt, dass Spielen ein Grundtrieb der Menschen ist und dem Gehirn Freude bereitet.[54]

Leider verlernen wir auf dem Weg zum Erwachsenwerden zu oft das Spielen und in einem hektischen Arbeitsalltag wird es auch nicht gerade gefördert. Dabei bringt Spielen viel Positives: Es aktiviert bei Erwachsenen den Gehirnbereich, der unter anderem für das Lösen von Problemen und für die Verarbeitung von Erinnerungen und Emotionen zuständig ist. Einige Firmen haben dies bereits erkannt und sogar spezielle Räume für ihre Mitarbeiter geschaffen, die zum Spielen einladen und damit die Kreativität und geistige Fitness ihrer Mitarbeiter im Unternehmen fördern.[55]

Wie wäre es also mit einem Spieleabend mit Ihrer Familie oder im Freundeskreis? Es gibt viele spannende und herausfordernde Spiele, die nicht nur viel Spaß machen und die Kommunikation fördern, sondern auch das Gehirn ordentlich beanspruchen.

Lernen Sie wieder Gedichte

„Wer reitet so spät durch Nacht und Wind …"[56]

Manche Gedichte – oder zumindest ein paar Verse davon – behält man sein Leben lang im Kopf. Gedichte sind meist recht einfach auswendig zu lernen, weil sie hübsch klingen, sehr lustig oder traurig sind, die eigenen Emotionen widerspiegeln, oder weil man sie schon hundertmal gehört hat. Gedichte zu lernen macht Spaß und fördert die Konzentration. Der Psychologe und Gehirnforscher Ernst Pöppel meint sogar, dass es überhaupt kein besseres Gehirntraining gebe, als jeden Tag ein Gedicht auswendig zu lernen.[57]

Widmen Sie sich doch nach Feierabend mal wieder einem Gedicht-
band, und Sie werden merken, wie viel Freude es macht, wenn man
sich selbst schön klingende oder bewegende Verse vortragen kann –
und der Allgemeinbildung dient es auch. Fangen Sie doch zum Beispiel mit diesem Gedicht an:

„Rosen, ihr blendenden,
Balsam versendenden!
Flatternde, schwebende,
Heimlich belebende,
Zweiglein beflügelte
Knospen entsiegelte
Eilet zu blühn!"   Aus: Johann Wolfgang von Goethe, Faust II

Bestimmt findet sich hin und wieder eine Gelegenheit, sich selbst und
andere Menschen mit klugen Versen zu erheitern oder zu inspirieren.

Laufen Sie regelmäßig

Fast nichts ermuntert unseren Geist so gut wie Ausdauersport.[58] Es ist
dabei laut Studien unerheblich, ob Sie Joggen, Fahrrad fahren oder
Nordic Walking betreiben. Manfred Spitzer, Leiter des Transferzent-
rums für Neurowissenschaften und Lernen, ist überzeugt, dass Sport
das Gehirn effektiver macht.[59]

Laufen bringt zudem Herz und Kreislauf in Schwung, steigert die all-
gemeine Fitness – und das Büro-Outfit sitzt auch gleich viel besser!
Gerade nach einem stressigen Arbeitstag oder vor einer anspruchsvollen Woche ist also der Lauf durch den Wald oder Park eine günstige
und sinnvolle Maßnahme, um sich geistig fit zu halten.

Schreiben Sie

Haben Sie vielleicht als Kind Tagebuch geführt oder Briefe an den besten Freund oder die beste Freundin geschrieben? Vielleicht erinnern

Sie sich noch, wie viel Spaß es gemacht hat, die eigenen Gedanken und Emotionen zu Papier zu bringen und sie dann – nach vielen Jahren – erneut hervorzukramen, zu lesen und sich zu erinnern.

Schreiben ist ein hervorragendes Training für unser Gehirn – wobei hier allerdings nicht das Abtippen von Buchungsunterlagen gemeint ist, sondern das eher spielerische Zu-Papier-Bringen von eigenen Gedanken. Das Ergebnis wird auch von niemandem bewertet, sofern Sie dies nicht ausdrücklich wünschen oder einen Blog führen.

Mit kreativem Schreiben trainieren Sie zusätzlich Ihre Denkflexibilität und erhöhen Ihren aktiven Wortschatz.[60] Und vielleicht schlummert sogar ein Bestseller in Ihnen?

Gehen Sie mal wieder tanzen

Dass Tanzen etwas Positives ist, scheinen viele Menschen zu ahnen. Schließlich gibt es jede Menge begeisterter Tänzer. Schön, dass wir nun endlich wissen, dass Tanzen sogar gut für das Gehirn ist.[61] Es stimuliert in besonderer Weise, fördert das räumliche Denkvermögen, trainiert die Fähigkeit des Nachahmens und die eigene Koordination. Durch Tanzen wird die Durchblutung gefördert und der Kreislauf angeregt. Eine Menge guter Argumente für eine angenehme und gesunde Freizeitgestaltung zu zweit. Und vielleicht tun Sie damit ja gleich noch etwas für Ihr Beziehungsleben? Sollte ein Paartanz jedoch gar nicht infrage kommen, gibt es mit Line Dance die perfekte Alternative für Solisten.

Probieren Sie jeden Tag etwas Neues aus

Es ist eine Herausforderung, jeden Tag etwas Neues auszuprobieren. Dabei ist es gar nicht notwendig, gleich den Motorradführerschein zu machen oder sich in Fallschirmspringen zu versuchen. Es sind die kleinen Dinge, die unser Gehirn auf ganz erstaunliche Weise im Alltag fördern. **Neurobics** ist hier das Zauberwort. Der Erfinder von

Neurobics – Lawrence C. Katz[62] – hat auf eine Steigerung der geistigen Leistungsfähigkeit hingewiesen, wenn auch nur kleine Änderungen in der Alltagsroutine durchgeführt würden. Dies könnte zum Beispiel so aussehen:

- Zähne mit links putzen (Linkshänder dementsprechend mit rechts), sich mit der „ungewohnten" Hand kämmen, Staub wischen etc.
- Sich mit geschlossenen Augen duschen
- Einen neuen Weg zur Arbeit ausprobieren
- Verschiedene Düfte für die Wohnung ausprobieren
- Obst oder Gemüse essen, das man noch nie probiert hat
- In „fremden" Geschäften einkaufen
- Veranstaltungen besuchen (statt fernsehen!)

Es gibt unzählige Möglichkeiten, unserem Gehirn neue Reize zu bieten und der Routine ein Schnippchen zu schlagen. Wenn Sie mutig sind, können Sie zum Beispiel einmal ein „Dunkelrestaurant"[63] testen oder sich mit geschlossenen Augen durch die Stadt führen lassen. Sie werden überrascht sein, welche Sinneseindrücke Sie aus solchen Erlebnissen mitnehmen können. Neue Obstsorten und der Kamm in der „falschen" Hand tun es fürs Erste allerdings auch.

Erlernen Sie ein Musikinstrument

Das Erlernen eines Musikinstrumentes stellt für das Gehirn eine Herausforderung dar. Hören, Fühlen, Koordination, Gedächtnis, Fingerfertigkeit: All dies wird dabei in hohem Maße geschult.[64] Mit immer neuen Liedern und Musikstücken und zunehmendem Schwierigkeitsgrad kann man sein Gehirn zudem täglich aufs Neue herausfordern.

Möglicherweise haben Sie ja auch einmal ein Musikinstrument erlernt und könnten so einfach an bereits Erlerntes anknüpfen? Musizieren kann eine großartige Entspannung sein und einen wunderbaren Ausgleich zum Berufsleben bieten.

Jonglieren Sie für Ihr Oberstübchen

Durch das Jonglieren wird die visuelle Wahrnehmung im dreidimensionalen Raum gefördert, und zwar in einem Maße, dass sich bestimmte Gehirnareale durch regelmäßiges Training sichtbar vergrößern. So konnte in einer Studie nachgewiesen werden, dass mittels Jonglieren mit drei Bällen eine lernbedingte strukturelle Veränderung des menschlichen erwachsenen Gehirns erfolgt.[65] Eine weitere Studie aus Oxford belegt, dass sich auch die Nervenverbindungen ändern. Das eigene „Verdrahtungssystem" kann also durch Training ausgedehnt werden.[66]

Das Beste am Jonglieren jedoch ist: Jeder kann es lernen!

Die Motivation, die sich durch diesen Erfolg einstellt, ist enorm. Und eine gesteigerte Motivation und erhöhtes Selbstbewusstsein lassen einen gleich ganz anders an weitere neue Aufgaben herangehen.

Starten Sie einfach mit Tüchern, die sich naturgemäß recht langsam bewegen und fallen. Haben sich die Bewegungsabläufe eingeprägt, können Sie sich Bällen zuwenden. Beginnen Sie zunächst mit einem Ball und steigern Sie die Anzahl nach und nach. Das Ergebnis wird Sie und Ihre Umwelt erstaunen!

Der Tipp zu den Tipps

Mit diesen Tipps können Sie sich und Ihrem Gehirn über Ihre Arbeitszeit hinaus ein wenig Abwechslung und Herausforderung anbieten. Dabei sollten Sie die von mir hier zusammengestellten Anregungen allerdings nicht alle gleichzeitig beherzigen, sonst bleibt für den Job am Ende gar nicht mehr genug Zeit.

Ausblick

Gedächtnistraining funktioniert. Ich erlebe in meinen Seminaren immer wieder die Begeisterung der Teilnehmerinnen und Teilnehmer über die ersten Erfolge, die durch die Anwendung der Merktechniken ja sehr schnell greifbar und offensichtlich sind.

Mit dem vorliegenden Buch haben Sie nun die Möglichkeit, Ihr Wissen weiter zu verfestigen und die vorgestellten Methoden zu trainieren.

Ich würde mich sehr freuen, wenn Sie sich die Zeit nehmen, Ihre ersten Erfolge zu feiern und danach beständig weiterzumachen. So kann das Gedächtnistraining zu einem entscheidenden Werkzeug im Berufsleben werden, und aus dem anfänglichen Aha-Effekt wird eine nachhaltige Leistungsoptimierung.

Nutzen Sie die vorgestellten Merktechniken und bauen Sie diese weiter für sich aus. Es lohnt sich.

Anhang

Anmerkungen

[1] Spitzer, Manfred: Lernen. Gehirnforschung und die Schule des Lebens. S. 13 f.

[2] Heinze, Hans-Jochen: Die Macht der Bilder. URL: http://www.humboldt-foundation.de/web/1377.html

[3] z. B.: Jäncke, Lutz: Das plastische Gehirn. URL: http://www.psychologie.uzh.ch/fachrichtungen/neuropsy/Publicrelations/Vortraege/Alter-Plastizitaet-reduced-size.pdf

[4] Herschkowitz, Norbert: Was stimmt? Das Gehirn. S. 124.

[5] Eine Karte des Gehirns, die auch nur annähernd der Realität entsprechen würde, müsste dynamisch sein und wäre somit mit einer herkömmlichen Karte nicht vergleichbar. Siehe hierzu: Hubert, Martin: Kartographen der Seele. URL: http://www.dradio.de/dlf/sendungen/wib/1004034/

[6] Singer, Emily: Das Geheimnis der Selbstheilungskräfte unseres Gehirns. URL: http://www.heise.de/tr/artikel/Das-Geheimnis-der-Selbstheilungs-kraefte-unseres-Gehirns-278683.html

[7] Herschkowitz, Norbert: Was stimmt? Das Gehirn. S. 37 f.

[8] Ebenda, S. 44 ff.

[9] Thompson, Richard: Das Gehirn. S. 1 f.

[10] Ebenda.

[11] Boos, Agnes u. a.: Gut vernetzt?! Das Powerprogramm für Ihr Gedächtnis. S. 8

[12] Thompson, Richard: Das Gehirn. S. 359 ff.

[13] Ebenda.

[14] Metzig, Werner, Schuster, Martin: Lernen zu lernen, S. 12 f.

[15] Frick-Salzmann, Annemarie: Gedächtnissysteme. In: Gedächtnistraining. Theoretische und praktische Grundlagen, S. 36 ff.

[16] Ebenda.

[17] Schwab, Gustav: Sagen des klassischen Altertums, S. 819.

[18] Vgl. Czaja, Sandra: Mut zur Lücke. In: Gehirn und Geist, Heft 1–2/2010, S. 14–18.

[19] Aus: Cicero, De oratore, II, 352–353. Nach einer Übersetzung von Dr. R. Kühner. Zitiert nach http://www.gottwein.de/Lat/CicDeOrat/de_orat02de.php?submit=lateinischer+Text

[20] Ebenda., 354

[21] Harris, Thomas: Hannibal, S. 287 ff.

[22] Nach: Dr. Martina und Dr. Thomas Grüter, www.prosopagnosie.de, und Thomas Grüter: „Schau mir in die Augen, Kleiner". In: Gehirn und Geist, Heft 4/2007, S. 14–18.

[23] Voigt, Ulrich: Esels Welt, S. 170.

[24] Ebenda, S. 170 f.

[25] Wer ursprünglich diese „Merkhilfen" für die einzelnen Konsonanten-Ziffern-Zuordnungen gemacht hat, lässt sich für die Autoren nicht mehr nachvollzie-

hen. Sie finden sich oft in der Literatur zum Thema Gedächtnistraining bzw. Mastersystem.

[26] Diese Regel ist nicht zwingend notwendig. Unserer Erfahrung nach ist es jedoch sinnvoll, Masterbegriffe mit dem entsprechenden Konsonanten anfangen zu lassen und nicht mit einem Vokal, Umlaut oder Hilfskonsonanten – da dies das Erlernen des Gesamtsystems erleichtert. Wenn Sie allerdings Masterbegriffe auch für den dreistelligen oder noch größeren Bereich erstellen wollen, werden Sie vermutlich auch auf Vokale, Umlaute und Hilfskonsonanten am Beginn des Wortes zurückgreifen müssen.

[27] Siehe hierzu: Voigt, Ulrich: Esels Welt, S. 119 und insbes. Fußnote 93.

[28] Technical report No. 237: „An application of the mnemonic keyword method to the acquisition of a Russian vocabulary"by Richard C. Atkinson and Michael R. Raugh, October 4, 1974.

[29] Schischka, Benjamin: Extrem gefährlich. Die fünf häufigsten Passwortfehler. URL: http://www.pcwelt.de/start/sicherheit/backup/praxis/190810/die_fuenf_haeufigsten_passwort_fehler/index.html

[30] Bundesamt für Sicherheit in der Informationstechnik. Passwörter. URL: https://www.bsi-fuer-buerger.de/cln_031/BSIFB/DE/ITSicherheit/SchuetzenAberWie/Passwoerter/passwoerter_node.html

[31] BITKOM e.V.: Alle drei Monate Passwörter ändern. URL: http://www.security-manager.de/magazin/news_h41172_bitkom-empfehlung_alle_3_monate_passwoerter.html

[32] Stand 16.01.2011.

[33] Alle Daten nach www.wikipedia.de, Einträge „Johannes Gutenberg" und „Gutenberg-Bibel", Stand: 19.10.2010.

[34] Uhlenbruck, Gerhard, Medizinische Aphorismen, S. 113.

[35] Alle Daten nach www.wikipedia.de, Einträge „Paretoprinzip" und „Vilfredo Pareto", Stand: 12.11.2010.

[36] Young, Eduard: D. Eduard Young's Klagen oder Nachtgedanken über Leben, Tod und Unsterblichkeit, S. 64.

[37] Neudecker, Sigrid: Morgen. Versprochen! URL: http://www.zeit.de/zeit-wissen/2006/03/Aufschieberitis.xml

[38] Prokrastinationsambulanz der Westfälischen Wilhelms-Universität Münster. URL: http://www.psy.uni-muenster.de/Prokrastinationsambulanz/index.html

[39] Neudecker, Sigrid: Morgen. Versprochen! URL: http://www.zeit.de/zeit-wissen/2006/03/Aufschieberitis.xml

[40] Blawat, Katrin: Auf den letzten Drücker. URL: http://www.sueddeutsche.de/wissen/arbeitspsychologie-auf-den-letzten-druecker-1.572698

[41] Ebenda.

[42] Blawat, Katrin: Schön der Reihe nach statt Multitasking. URL: http://www.spiegel.de/wissenschaft/mensch/0,1518,491334-2,00.html

[43] Merschmann, Helmut: Mythos Multitasking. URL: http://www.heise.de/tp/r4/artikel/26/26244/1.html

[44] Müller-Jung, Joachim: Resultat der Hirnforschung. Multitasking ist ungesund. URL: http://www.faz.net/s/RubCEB3712D41B64C3094E31BDC1446D18E/Doc~E56886403421F4974AECDD9E6C5AD0C05~ATpl~Ecommon~Scontent.html

[45] Gedächtnistraining im Schlaf. Lernen über Nacht. Interview mit Jan Born.
URL: http://www.zeit.de/2010/13/M-Jan-Born-Interview

[46] „Konzentration ist harte Arbeit". Interview mit Martin Korte.
URL: http://www.focus.de/schule/lernenS/forschung/tid-8441/lernen_
aid_231950.html

[47] Buzan, Tony, Stanek, Wolfram: Memory Power, S. 115.

[48] Buzan, Tony, Keene, Raymond: Die GRIPS-Formel, S. 199 ff.

[49] Bolten, Götz: Ist Lachen wirklich gesund? URL: http://www.planet-wissen.de/
alltag_gesundheit/humor/lachen/wissensfrage_lachen_gesund.jsp

[50] Klein, Stefan: Die Glücksformel oder Wie die guten Gefühle entstehen. S. 37 ff.

[51] z. B. Oswald, Wolf: „Gehen Sie jeden Tag mit Ihrem Hund spazieren, auch
wenn Sie keinen haben." In: Fit im Kopf: Doppelt trainiert denkt besser.
URL: http://www.akupunkturantworten.de/inhalt/questions/3422/
Fit+im+Kopf+-+Doppelt+trainiert+denkt+besser

[52] Schaerffenberg, Erika: Gedächtnis und Ernährung. In: Gedächtnistraining.
Theoretische und praktische Grundlagen. S. 119.

[53] Patalong, Frank: Mythen, an die selbst Mediziner glauben. Teil 3.
URL: http://www.spiegel.de/wissenschaft/mensch/0,1518,525056-3,00.html

[54] Gilkey, Roderick, Kilts, Clint: Cognitive Fitness. New research in neuroscience
shows how to stay sharp by exercising your brain, S. 58.

[55] Gehirnpower. Fitness für die grauen Zellen. URL: http://www.business-
wissen.de/arbeitstechniken/gehirnpower-fitness-fuer-die-grauen-zellen/

[56] Erste Zeile der Ballade „Erlkönig" von Johann Wolfgang von Goethe.

[57] Warum wir uns gerne falsch erinnern. Interview mit Ernst Pöppel.
URL: http://www.welt.de/wissenschaft/article1938562/Warum_wir_uns_
gern_falsch_erinnern.html

[58] Ayan, Steve: Bewegung für den Geist. In: Gehirn und Geist, Mai 2009, S. 30 ff.

[59] Wer joggt, trainiert auch sein Gehirn. URL: http://www.welt.de/gesundheit/
article1916545/Wer_joggt_trainiert_auch_sein_Gehirn.html

[60] Poppenberg, Gisela, Meissner, Sagitta: Schreib dich fit.
Kreatives Schreiben im Gedächtnistraining, S. 11.

[61] Burger, Katrin: Tanzen macht schlau. URL: http://www.wissenschaft.de/
wissenschaft/hintergrund/299081.html?page=0

[62] Vgl.: Katz, Lawrence C., Rubin, Manning: Neurobics. Fit im Kopf. München,
2001.

[63] In so genannten Dunkelrestaurants werden Speisen von meist blinden Fach-
kräften in absoluter Dunkelheit serviert. Derartige Restaurants gibt es mittlerweile in vielen deutschen Städten.

[64] Deutsche Gesellschaft für Neurologie: Musik verändert das Gehirn.
URL: http://www.scinexx.de/wissen-aktuell-7057-2007-09-05.html

[65] „Jonglier-Training lässt Erwachsenenhirne anwachsen." Mitteilung der Friedrich-Schiller-Universität Jena vom 21.01.2004. URL: http://www.uni-jena.de/
PM040121_NatureJongl.html

[66] Jonglieren ändert Gehirnverdrahtung. Quelle: AFP. URL: http://www.spiegel.
de/wissenschaft/mensch/0,1518,654542,00.html

Literatur

„Deutsche Gesellschaft für Neurologie: Musik verändert das Gehirn".
   Artikel vom 05.09.2007, www.scinexx.de. URL: http://www.scinexx.de/
   wissen-aktuell-7057-2007-09-05.html, Stand: 13.11.2010.
„Gehirnpower. Fitness für die grauen Zellen". Artikel vom 26.03.2008,
   www.business-wissen.de. URL: http://www.business-wissen.de/arbeits-
   techniken/gehirnpower-fitness-fuer-die-grauen-zellen/, Stand:
   13.11.2010.
„Jonglieren ändert Gehirnverdrahtung". Artikel vom 12.10.2009,
   www.spiegel.de. URL: http://www.spiegel.de/wissenschaft/
   mensch/0,1518,654542,00.html, Stand: 14.11.2010.
„Jonglier-Training lässt Erwachsenenhirne anwachsen".
   Mitteilung der Friedrich-Schiller-Universität Jena vom 21.01.2004. URL:
   http://www.uni-jena.de/PM040121_NatureJongl.html, Stand: 14.01.2011.
„Wer joggt, trainiert auch sein Gehirn". Artikel vom 18.04.2008,
   www.welt.de URL: http://www.welt.de/gesundheit/article1916545/
   Wer_joggt_trainiert_auch_sein_Gehirn.html, Stand: 13.11.2010.
Atkinson, Richard C., Raugh, Michael R.: „An application of the mnemonic
   keyword method to the acquisition of a Russian vocabulary". Technical
   report No. 237: October 4, 1974.
Ayan, Steve: „Bewegung für den Geist". In: Gehirn und Geist, Mai 2009,
   S. 30–39.
BITKOM e.V.: „Alle drei Monate Passwörter ändern". Artikel vom 29.06.2010,
   www.securitymanager.de. URL: http://www.securitymanager.de/maga-
   zin/news_h41172_bitkom-empfehlung_alle_3_monate_passwoerter.
   html, Stand: 12.11.2010.
Blawat, Katrin: „Auf den letzten Drücker". Artikel vom 14.02.2008,
   www.sueddeutsche.de. URL: http://www.sueddeutsche.de/wissen/
   arbeitspsychologie-auf-den-letzten-druecker-1.572698, Stand: 12.11.2010.
Blawat, Katrin: „Schön der Reihe nach statt Multitasking". Artikel vom
   01.07.2007, www.spiegel.de. URL: http://www.spiegel.de/wissenschaft/
   mensch/0,1518,491334-2,00.html, Stand: 12.11.2010.
Bolten, Götz: „Ist Lachen wirklich gesund?" Artikel vom 19.02.2007,
   www.planet-wissen.de, Sendung: „Lachen ist gesund".
   URL: http://www.planet-wissen.de/alltag_gesundheit/humor/lachen/
   wissensfrage_lachen_gesund.jsp, Stand: 01.06.2009.
Boos, Agnes, Ehrenberg, Ulrike, Hunfeld, Margareta, Platje, Karin: *Gut vernetzt?! Das Powerprogramm für Ihr Gedächtnis.* Hrsg. Bundesverband Gedächtnistraining e.V., Verlag Susanne Gassen, 2007.

Born, Jan, Interview mit Andrea Jeska: „Gedächtnistraining im Schlaf. Lernen über Nacht. Der Schlafforscher Jan Born über Gedächtnistraining im Bett". Artikel vom 25.03.2010, www.zeit.de. URL: http://www.zeit.de/2010/13/ M-Jan-Born-Interview, Stand: 12.11.2010.

Bundesamt für Sicherheit in der Informationstechnik. „Passwörter". URL: https://www.bsi-fuer-buerger.de/cln_031/BSIFB/DE/ITSicherheit/ SchuetzenAberWie/Passwoerter/passwoerter_node.html, Stand: 12.11.2010.

Burger, Katrin: „Tanzen macht schlau". Artikel vom 07.01.2009, www.wissenschaft.de. URL: http://www.wissenschaft.de/wissenschaft/ hintergrund/299081.html?page=0, Stand: 13.11.2010.

Buzan, Tony, Keene, Raymond: Die GRIPS-Formel. Entfesseln Sie Ihr geistiges Potenzial. mvg Verlag, Heidelberg, 1999/2007.

Buzan, Tony, Stanek, Wolfram: Memory Power. Die Gebrauchsanweisung für Ihr Gehirn. Augustus Verlag, Augsburg, 1998.

Cicero, De oratore, II, 352–353. Nach einer Übersetzung von Dr. R. Kühner. Zitiert nach URL: http://www.gottwein.de/Lat/CicDeOrat/de_orat02de. php?submit=lateinischer+Text, Stand: 12.11.2010.

Czaja, Sandra: „Mut zur Lücke". In: Gehirn und Geist. Heft 1–2, 2010. S. 14–18.

Frick-Salzmann, Annemarie: „Gedächtnissysteme". In: Schloffer, Helga, Prang, Ellen, Frick-Salzmann, Annemarie (Hrsg.): Gedächtnistraining. Theoretische und praktische Grundlagen. Springer Medizin Verlag, Heidelberg, 2010. S. 34–43.

Gilkey, Roderick, Kilts, Clint: „Cognitive Fitness. New research in neuroscience shows how to stay sharp by exercising your brain". In: Harvard Business Review, November 2007. S. 53–66.

Grüter, Martina, Grüter, Thomas: „Prosopagnosie oder die Unfähigkeit, sich Gesichter zu merken". URL: www.prosopagnosie.de, Stand: 14.01.2011.

Grüter, Thomas: „Prosopagnosie. ‚Schau mir in die Augen, Kleiner'". In: Gehirn und Geist, Heft 4, 2007, S. 14–18.

Harris, Thomas: Hannibal. Heyne, München, 2006.

Heinze, Hans-Jochen: „Die Macht der Bilder. Wir schauen dem Gehirn beim Denken zu". Interview im Humboldt-Kosmos. URL: http://www.humboldt-foundation.de/web/1377.html, Stand: 11.11.2010.

Herschkowitz, Norbert: Was stimmt? Das Gehirn. Die wichtigsten Antworten. Verlag Herder, Freiburg im Breisgau, 2007.

Hubert, Martin: „Kartographen der Seele. 100 Jahre nach Brodmanns erstem Hirnatlas". Artikel vom 02.08.2009, www.dradio.de.

URL: http://www.dradio.de/dlf/sendungen/wib/1004034/, Stand: 11.11.2010.

Jäncke, Lutz: „Das plastische Gehirn". Vortrag anlässlich des Symposiums ALTER-nativen am 13.05.2006, Psychiatrische Klinik Münsterlingen. URL: http://www.psychologie.uzh.ch/fachrichtungen/neuropsy/Publicrelations/Vortraege/Alter-Plastizitaet-reduced-size.pdf, Stand: 11.11.2010.

Katz, Lawrence C., Rubin, Manning: Neurobics. Fit im Kopf. Goldmann, München, 2001.

Klein, Stefan: Die Glücksformel oder Wie die guten Gefühle entstehen. Rowohlt, Reinbek bei Hamburg, 2005.

Korte, Martin: Interview mit Focus-Schule. „Konzentration ist harte Arbeit", www.focus.de. URL: http://www.focus.de/schule/lernen/forschung/tid-8441/lernen_aid_231950.html, Stand: 13.11.2010.

Merschmann, Helmut: „Mythos Multitasking". Artikel vom 26.09.2007, www.heise.de. URL: http://www.heise.de/tp/r4/artikel/26/26244/1.html, Stand: 12.11.2010.

Metzig, Werner, Schuster, Martin: Lernen zu lernen. Springer Verlag, Heidelberg, 2010.

Müller-Jung, Joachim: „Resultat der Hirnforschung. Multitasking ist ungesund". Artikel vom 16.04.2010, www.faz.net. URL: http://www.faz.net/s/RubCEB3712D41B64C3094E31BDC1446D 18E/Doc~E56886403421F4974 AECDD9E6C5AD0C05~ATpl~Ecommon~Scontent.html, Stand: 12.11.2010.

Neudecker, Sigrid: „Morgen. Versprochen!" Artikel vom 17.04.2006, www.zeit.de. URL: http://www.zeit.de/zeit-wissen/2006/03/Aufschieberitis.xml, Stand: 12.11.2010.

Patalong, Frank: „Mythen, an die selbst Mediziner glauben". Teil 3. Artikel vom 22.12.2007, www.spiegel.de. URL: http://www.spiegel.de/wissenschaft/mensch/0,1518,525056-3,00.html, Stand: 13.11.2010.

Pöppel, Ernst, Interview mit Norbert Lossau: „Warum wir uns gerne falsch erinnern". Artikel vom 25.04.2008, www.welt.de. URL: http://www.welt.de/wissenschaft/article1938562/Warum_wir_uns_gern_falsch_erinnern.html, Stand: 13.11.2010.

Poppenberg, Gisela, Meissner, Sagitta: Schreib dich fit. Kreatives Schreiben im Gedächtnistraining. 2006.

Schaerffenberg, Erika: „Ernährung und Gedächtnis". In: Schloffer, Helga, Prang, Ellen, Frick-Salzmann, Annemarie (Hrsg.): Gedächtnistraining. Theoretische und praktische Grundlagen. Springer Medizin Verlag, Heidelberg, 2010. S. 115–120.

Schischka, Benjamin: „Extrem gefährlich. Die fünf häufigsten Passwort-fehler". www.pcwelt.de. URL: http://www.pcwelt.de/start/sicherheit/backup/praxis/190810/die_fuenf_haeufigsten_passwort_fehler/index.html, Stand: 12.11.2010.

Schwab, Gustav: *Sagen des klassischen Altertums*. Ueberreuter, Wien, 2001.

Singer, Emily: „Das Geheimnis der Selbstheilungskräfte unseres Gehirns". Artikel vom 11.07.2006, www.heise.de. URL: http://www.heise.de/tr/artikel/Das-Geheimnis-der-Selbstheilungskraefte-unseres-Gehirns-278683.html, Stand: 12.11.2010.

Spitzer, Manfred: *Lernen. Gehirnforschung und die Schule des Lebens*. Spektrum Akademischer Verlag, Heidelberg, Berlin, 2002.

Thompson, Richard F.: *Das Gehirn. Von der Nervenzelle zur Verhaltenssteuerung*. Spektrum Akademischer Verlag, Heidelberg, Berlin 2001.

Uhlenbruck, Gerhard: *Medizinische Aphorismen*. Natura Med Verlagsgesell-schaft, Neckarsulm, 1994.

Voigt, Ulrich: *Esels Welt. Mnemotechnik zwischen Simonides und Harry Lorayne*. Likanas Verlag, Hamburg, 2001.

Young, Eduard: *Dr. Eduard Young's Klagen oder Nachtgedanken über Leben, Tod und Unsterblichkeit. In neun Nächten. Erster Band*. Schwickert'scher Verlag, Leipzig 1790.

Weitere Literatur und Links

Literatur

Benjamin, Arthur, Shermer, Michael: *Mathe Magie. Verblüffende Tricks für blitzschnelles Kopfrechnen und ein phänomenales Zahlengedächtnis*. Heyne, München, 2007.

Bien, Ulrich: *Einfach. Alles. Merken. Geniale Merktechniken für ein perfektes Gedächtnis*. Humboldt, Hannover, 2010.

Buzan, Tony: *Nichts vergessen! Kopftraining für ein Supergedächtnis*. Goldmann, München, 2000.

Covey, Stephen R.: *Die 7 Wege zur Effektivität*. Gabal, Offenbach, 2005.

Doidge, Norman: *Neustart im Kopf. Wie sich unser Gehirn selbst repariert*. Campus, Frankfurt, 2008.

Karsten, Gunther: *Erfolgsgedächtnis. Wie Sie sich Zahlen, Namen, Fakten, Vokabeln einfach besser merken*. Mosaik bei Goldmann, München, 2004.

Lorayne, Harry, Lucas, Jerry: *The Memory Book. The classic guide to improving your memory at work, at school, and at play*. Ballantine Books, New York, 1975.

Stenger, Christiane: *Warum fällt das Schaf vom Baum? Gedächtnistraining mit der Jugendweltmeisterin.* Heyne, München, 2006.

Markowitsch, Hans J.: *Dem Gedächtnis auf der Spur. Vom Erinnern und Vergessen.* Wissenschaftliche Buchgesellschaft, Darmstadt, 2009.

Yates, Frances A.: *Gedächtnis und Erinnern: Mnemonik von Aristoteles bis Shakespeare.* Akademie Verlag, Berlin, 2001.

Links

Bundesverband Gedächtnistraining e.V. URL: www.bvgt.de

DENKSCHRITT – Gedächtnistraining mit Stefanie Schneider.
    URL: www.denkschritt.de

Gesellschaft für Gehirntraining e.V. URL: www.gfg-online.de

Memo Masters – Deutsche Gedächtnismeisterschaften & German Memo
    Open. URL: www.memomasters.de

MemoryXL – Europäische Gesellschaft zur Förderung des Gedächtnisses e.V.
    URL: www.memoryxl.de

Tabellen und Routen

Ziffern-Form-Bild

Mögliche Ziffern-Konsonanten-Zuordnung

Ziffern	Konsonanten	Merkhilfen
0	z, s, ß	Null heißt in einigen Sprachen „zero" – wobei das „z" wie ein „s" gesprochen wird.
1	t, d	„t" hat nur einen senkrechten Strich und klingt in einigen Dialekten dem „d" sehr ähnlich.
2	n	Ein kleines „n" hat 2 senkrechte Striche.
3	m	Ein kleines „m" hat 3 senkrechte Striche.
4	r	„r" ist der vierte Buchstabe in Vie**r**.
5	l	Ein großes „L" stellt – auf der Seite liegend – den oberen Haken der 5 dar.
6	ch, sch	In dem Wort **Sech**s sind die Konsonanten „sch" bzw. „ch" enthalten.
7	g, ck, k	Die Sieben bringt **G**lü**ck**.
8	v, w, f	„v" bringen wir mit der 8 dank des **V**8-Motors in Verbindung. **VW** gehört für Autofahrer ohnehin zusammen und das kleine „f" sieht in Schreibschrift einer 8 ähnlich.
9	p, b	Die 9 sieht aus wie ein gespiegeltes „P". Dann nochmal auf dem Kopf wie ein „b". In einigen Regionen Deutschlands wird das „p" sogar als „hartes b" bezeichnet.

Masterbegriffe

Zahl	Masterbegriff	Weitere Vorschläge	Ihr Begriff
0	Sau	See, Zoo, Zeh	
1	Tee	Tau, Thai, Deo	
2	Noah	Neo (Protagonist aus „Matrix")	
3	Maya (Indianer)	Mai, Mühe	
4	Reh	Rio	
5	Lee (Jeans)	Loo (Klo), Leie (Fluss), Leu	
6	Schuh	Schuhe	
7	Kuh	K.o., Kai, Koi	
8	Fee	Fähe (weibl. Wolf/Fuchs)	
9	Po	Bio, Boa, Bau	

Zahl	Masterbegriff	Weitere Vorschläge	Ihr Begriff
10	Tasse	Tussi, Dose, Düse	
11	Tod	Tüte, Toto	
12	Tanne	Ton, Tonne	
13	Team	Dame, Dom	
14	Teer	Tor, Tür	
15	Tal	Taille, Duell, Diele	
16	Tasche	Tisch, Tusche, Tacho, Dach	
17	Theke	Tokio, Dogge, Decke	
18	Taufe	Tofu, Tiefe, Diva	
19	Top (Shirt)	Top (Auto), Typ, Tipp, Taube	
20	Nase	Nässe, Nuss	
21	Note	Niete, Not	
22	Nonne	Nano, Neon	
23	Nemo (Fisch)	Name	
24	Nero	Narr, Niere	
25	Nil	NOLA (Abk. für New Orleans)	
26	Nische	Nacho	
27	Nike	Nokia	
28	Navy	Nivea, Neffe	
29	Nappa (Leder)	Neubau	
30	Moos	Maus, Muse, Mousse, Meise	
31	Matte (Yoga-)	Miete, Motte, Met, Mode	
32	Mohn	Mann (Thomas), Miene	
33	Mama	Mumie	
34	Meer	Moor, Möhre, Mauer	

Zahl	Masterbegriff	Weitere Vorschläge	Ihr Begriff
35	Mehl	Mühle, Müll	
36	Masche (Lauf-)	Macho	
37	Mücke	Maki (Sushi)	
38	Mafia	Mofa, Möwe	
39	Mappe	Mopp, Map (Mind-)	
40	Rose	Ross, Riese, Reise, Reis, Russe	
41	Ratte	Rute, Radio, Rodeo, Rad	
42	Ren	Ruine, Ruin	
43	Rom	Rum, Ruhm, Rama	
44	Rohr	Ruhr, Rührei	
45	Rolle (Prinzen-)	Rille	
46	Rauch	Rausch, Rache	
47	Rocky	Rock, Reck, Reiki	
48	Reif (Arm-)	Riff	
49	Rap	Raupe, Rabe, Robbe, Raub	
50	Lassie (Hund)	Lasso, Laus, Los	
51	Lotto	Latte, Lot, Leid	
52	LAN (Computer)	Leine, Linie, Lohn	
53	Limo	Lehm, Lama, Lima, Leim	
54	Leier	Lira, Lehre, Lara (Croft)	
55	Lolli	Lilie	
56	Loch	Lasche, Lauch, Leiche	
57	Locke	Luke, Lok, Lack, Lego, Liege	
58	Lauf	Lava, Löwe	
59	Lupe	Lob, Laub, Liebe, Lippe	

Zahl	Masterbegriff	Weitere Vorschläge	Ihr Begriff
60	Schuss	Schüsse	
61	Schutt	Schotte	
62	Scheune	Schiene	
63	Schaum	Schumi	
64	Schere	Schauer	
65	Schal	Schule, Scholle, Schale	
66	Schach	Scheich	
67	Schoko	Schock, Scheck	
68	Schaf	Schufa, Schiff	
69	Schippe	Schabe, Schuppe, Scheibe	
70	Käse	Kuss, Kasse, Kiez	
71	Kette	Kitt, Kot, Kutte	
72	Kanu	Kanne, Kahn, Kino	
73	Kamm	Koma, Komma	
74	Karre	Karo, Kur	
75	Kohle	Kohl, Keule, Kilo, Kelle	
76	Koch	Küche	
77	Kacke	Kika, Kaki, Geige, Gag	
78	Kaffee	Kaff	
79	Kappe	Kippe, Kobe, Kuppe, Kap	
80	Fass	Vase, Wiese	
81	Fett	Watte, Fit, Video	
82	Fahne	Föhn, Finne, Wanne, Wein	
83	Femme (fatale)	WM	
84	Fähre	Feier, Feuer, Ware	

Zahl	Masterbegriff	Weitere Vorschläge	Ihr Begriff
85	Falle	Fell, Wal, Wahl	
86	Fisch	Wache, Wäsche	
87	Feige	Wok, Waage	
88	Waffe	Fifa	
89	Wabe	VIP	
90	Bus	Boss, Bussi, Biss, Pass, Pizza	
91	Bett	Boot, Bote, Beet, Beute	
92	Bahn	Biene, Bein, Bühne, Panne	
93	Baum	Boom	
94	Bär	Bar, Bauer, Bier, Brei, Pier	
95	Ball	Beil, Bulle, Pool	
96	Buch	Bauch, Busch, Bach, Pech	
97	Bike	Bock, Puck, Pauke	
98	Bifi (Salami)	Puff	
99	Papa	Baby, Puppe, Pub	
00	Soße	Sissi, SOS, Zeus	
01	Saat	Sitte, Seide	
02	Sahne	Sohn, Sauna, Sonne, Zinn, Zahn	
03	Sumo	Saum, Summe, Zoom	
04	Säure	Saar, Zorro, Zar	
05	Seil	Saal, Säule, Seele, Zoll, Zelle	
06	Seuche	Suche, Sache	
07	Socke	Sake, Sack, Säge, Zug, Ziege	
08	Seife	Sofa, Safe, Zoff	
09	Suppe	Sepp, Sippe, Saab, Sieb	

Monatsbilder

Monat	Bildvorschläge	Ihr Bild
Januar	Schneemann (Winterferien)	
Februar	Herz (Valentinstag)	
März	Schneeglöckchen (Frühlingsanfang)	
April	Regen (Aprilwetter)	
Mai	Maikäfer	
Juni	Sonne (Sommersonnenwende)	
Juli	Parade (4. Juli: Unabhängigkeitstag USA, 14. Juli: Nationalfeiertag Frankreich)	
August	Fußballstadion (Beginn der Fußballsaison)	
September	Rote Blätter (Herbstanfang)	
Oktober	Oktoberfest, Tag der Deutschen Einheit	
November	Martinszug	
Dezember	Geschenke, Weihnachtsbaum	

Sonderzeichen auf den Computertasten 1 bis ß (deutsche Tastatur)

Zeichen	Beschreibung	
!	Faust, die auf den Tisch haut	
"	Gänsefüße	
§	Richter mit weißer Perücke	
$	Geld	
%	Sommerschlussverkauf	SSV
&	Kaufmann	
/	Umfallendes Holzbrett	
(	Schmollender Mund	
)	Lachender Mund	
=	Bahnschienen	
?	Kleiderbügel	

Wochentagsbilder

Wochentag Bild

Wochentag	Bild	
Montag	Müdigkeit	
Dienstag	Dienstmarke	
Mittwoch	Berg(fest)	
Donnerstag	Donner (Gewitter)	
Freitag	Freitag der 13. (schwarze Katze)	
Samstag	Fußball-Bundesliga	
Sonntag	Kuchen (Sonntagskaffee)	

Jahrestabelle

Jahres-zahlen-beginn	Personen	Ereignisse	Mögliches Bild	Ihr Bild
11..	Friedrich Barbarossa, Richard Löwen-herz	Gründung Portugals, Kreuzzüge	Ritter	
12..	Dschingis Khan	Gründung der drei großen Bettelorden	Dschingis Khan	
13..	Karl der IV.	Die 1. Pestwelle	Sensemann	
14..	Johannes Gutenberg	Entdeckung Amerikas, Erfindung des Buch-drucks	Gutenberg, Indianer	
15..	Martin Luther, Heinrich der VIII.	95 Thesen, Bauernkriege	Luther, Henker	
16..	Rembrandt	30-jähriger Krieg	„Der Mann mit dem Goldhelm"	
17..	Mozart, Schiller, Lessing	Gründung der USA, Franz. Revolution, Industrielle Revolution	Wolfgang A. Mozart	
18..	Napoleon, Bismarck	Amerikanischer Bürger-krieg, Völkerschlacht bei Leipzig	Napoleon	
19..	Wilhelm II., Konrad Adenauer	Zwei Weltkriege, Verbreitung des Fernse-hens	Fernseher	
20..	Barack Obama	Verbreitung des Inter-nets, Einführung des Euro als Bargeld	Computer	

Uhrzeiten sind Farben

- Termine, die um Viertel (nach) X Uhr beginnen, sind rot
- Termine, die um halb X Uhr beginnen, sind gelb
- Termine, die um drei viertel (Viertel vor) X Uhr beginnen, sind grün
- Termine, die zur vollen Stunde beginnen, brauchen keine Farbe

Körperroute

10. Haare	6. Achselhöhlen	3. Gesäß
9. Nase	5. Brust/Dekolleté	2. Knie
8. Mund	4. Bauchnabel	1. Füße
7. Schulter		

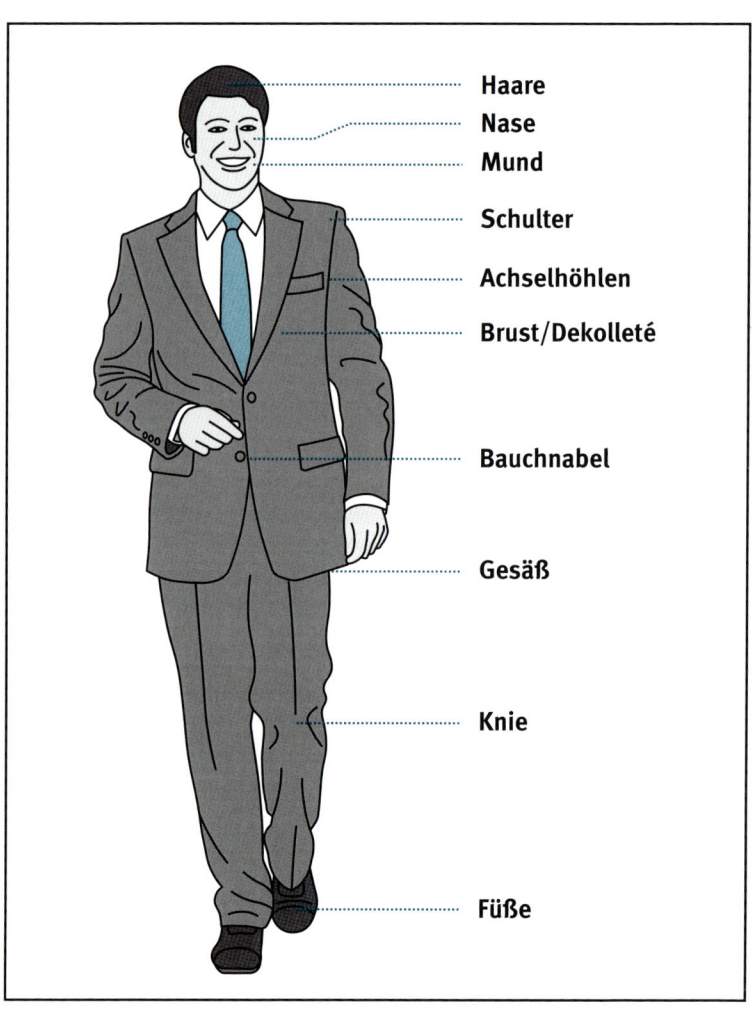

Büroroute

1. Tür	5. Bücherregal	8. Fenster
2. Lichtschalter	6. Mülleimer	9. Wandgemälde
3. Garderobe	7. Pflanze	10. Aktenschrank
4. Schirmständer		

Küchenroute

1. Kühlschrank
2. Spülmaschine
3. Gewürzregal
4. Kaffeemaschine
5. Arbeitsplatte
6. Herd
7. Reiskocher
8. Orchidee
9. Geschirrschrank
10. Weinregal

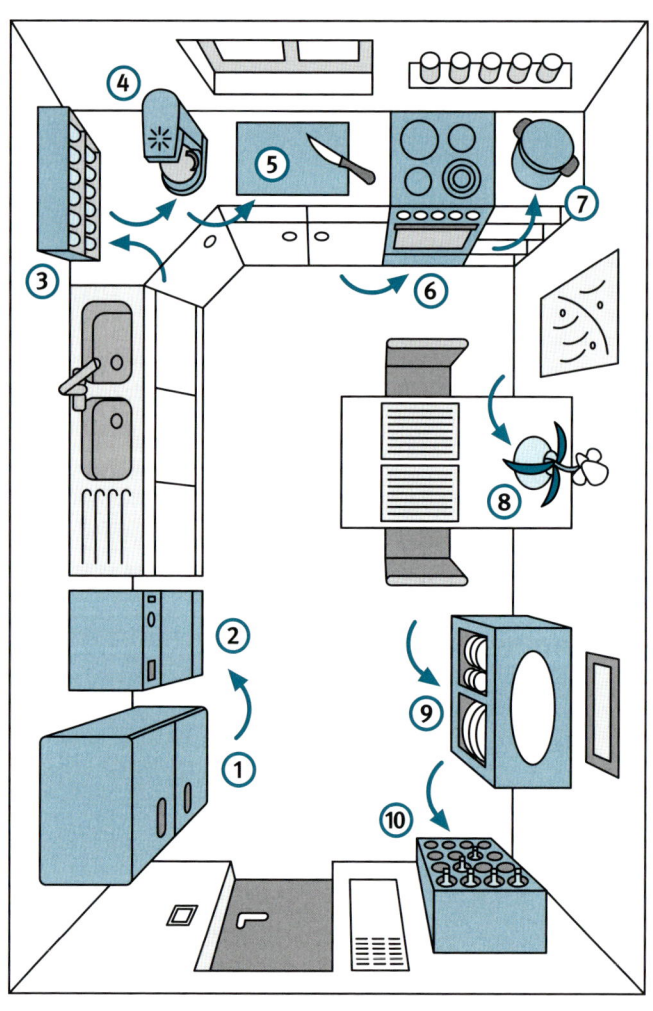

Arbeitszimmerroute

1. Heizung	5. Garderobe	8. Sofa
2. Schreibtisch	6. Kalender	9. Stehpult
3. Fenster	7. Stehlampe	10. Medizinschrank
4. Regal		

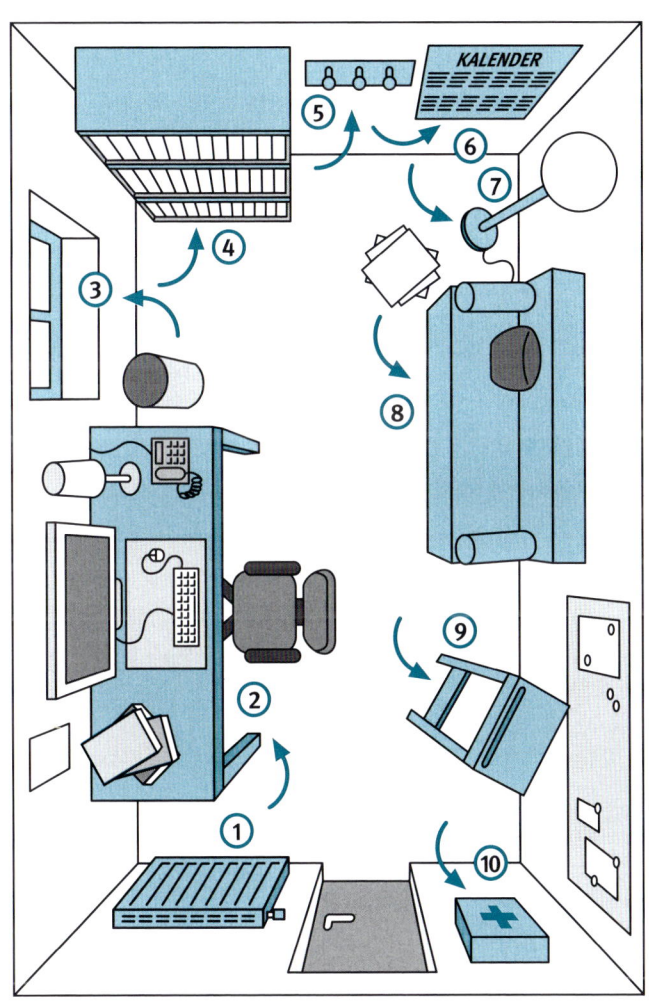

Stadtroute (Gutenbergroute)

1. Bahnhof
2. Bushaltestelle
3. Rathaus
4. Schwimmbad

5. Marktplatz
6. Brücke
7. Kirche

8. Theater
9. Museum
10. Einkaufscenter

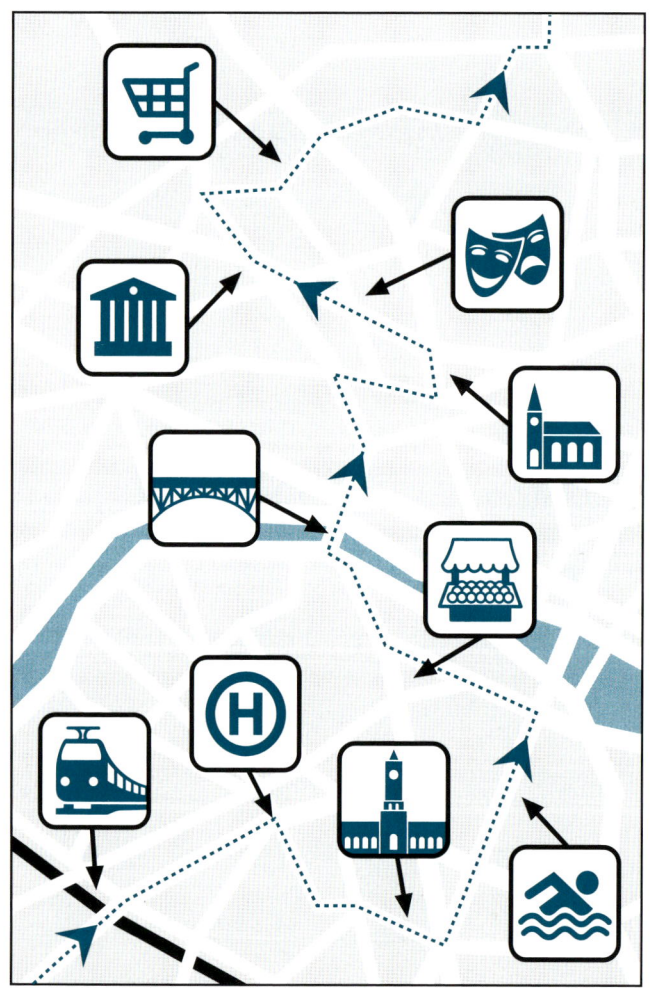

Lösungen

Übung „Mit allen Sinnen Details wahrnehmen und behalten"

1. Erdbeeren, Rosen, Sonnencreme, Espresso
2. Zwei Parkbänke im Schatten
3. Wasser, Erdbeereis, Ahornbäume
4. Weiße Steine, weinrote Rosen, rote Haare, grauer Mantel

Gitterrätsel aus dem Kapitel „Die Entwicklung des Konsonanten-Codes"

Lösungswort ⌐			G				r=↓		
			E				V		
		m=→	D	R	E	I			
			A				E		
			E				R		
			C						
	v,w,f =→	A	C	H	T				
			T						
		s,z,ß =→	N	U	L	L			
ŋ=→	Z	W	E	I				p,b =↓	
		g,k,ck =→	S	I	E	B	E	N	
								E	
							t,d =↓	U	
		l=→	F	U	E	N	F		
								I	
								N	
		ch,sch =→	S	E	C	H	S		

Übung „Die wichtigsten Termine des Monats"

1. Termin ist vergeben
2. Lieferung an den Tennisclub
3. Am 22.04. um 15 Uhr
4. Am 30.04. um 10 Uhr
5. Die Seniorenresidenz

Praxisbeispiel „Netzwerktreffen"

1. Frau Schmidtke-Schuster 2. Herr Taufertshoefer 3. Donner und Klawitter, Frau Dorfmeister 4. Herr Brandauer 5. Frau Sommerbier 6. Frau Beerbusch 7. Frau Wollmer 8. Herrn Opperkamp 9. Herr Harburg 10. Finanzberater

Praxisbeispiel „Perfekter Service"

Alkoholische Getränke: Herr Steiner – Cuba Libre, Herr Tannenwald – Alsterwasser, Frau Winter – Martini, Herr Reich – Champagner, Frau Greber – Russische Schokolade, Frau Töpfer – Pils vom Fass Nicht-alkoholische Getränke: Herr Moser – Kamillentee, Frau Müller – Cola, Frau Klein – Espresso, Herr Wachmann – Stilles Wasser

Praxisbeispiel „Keine Unsicherheit im neuen Job"

1. Krimis, 2. Herr Sieburg, 3. Frau Weinek, 4. Technikerin, 5. 16 Jahre, 6. Herr Kolbert

Register

Ablaufplan 38, 115
Adrenalin 168
Assoziation 27, 32, 57, 62, 70, 98
Atkinson, Richard C. 96
Aufgabenliste 34, 38, 47, 173, 177
Aufmerksamkeit 14, 18, 21, 56, 59,
 136, 166, 176
Aufschieberitis (Prokrastination) 171

Bewegung 179
Bilder (verbildern) 14, 25, 28, 43, 48,
 50, 56, 66, 73, 76, 85, 89, 91, 99,
 109, 113, 119, 125, 131, 138, 141,
 157, 160, 164, 181
Buzan, Tony 180

Chunks 21

Daten, historische 142

Eisenhower-Prinzip 169
Emotionen 15, 25, 33, 35, 184, 186
Entspannung 171, 187
Erinnerung 24, 45, 160, 184
Erwartungshaltung 18
Eselsbrücke 24, 74

Faktenwissen 23, 146
Fitness, geistige 72, 176, 182
Flexibilität 133, 186
Fremdsprachen lernen 95, 152
Fremdwörter 23, 95, 133

Gedächtnis 10, 12, 22, 32, 43, 48, 53,
 71, 99, 178, 181, 187
−, -modell 18
−, -optimierung 24, 100
−, -organisation 13, 165
−, -palast 53
−, -protokolle 131
Gedichte 107, 184

Gehirn 13, 17, 25, 33, 35, 41, 73, 97,
 167, 174, 178, 182
Geschichte-Methode 33, 66, 87, 90,
 112, 140, 146
Geschichtsdaten 145

Hemisphären 15

Internet 12, 64, 144
ISIN 88

Jahreszahlen 66, 91, 140, 142
Jonglieren 188

Kalender 169, 172
Karteikarten 85, 96
Katz, Lawrence 187
Kennwörter 112
Konzentration 175, 184
Körperroute 40, 87, 100, 107, 141, 157
Korte, Martin 179
Kreativität 26, 30, 35, 58, 72, 95, 97,
 178, 184
Kündigungsfristen 139
Kurzzeitgedächtnis 18, 21

Lachen 27, 182
Landeshauptstädte 146
Langzeitgedächtnis 18, 21, 44
Laufen 183, 185
Lichtjahr 87
Loci-Methode 38, 87, 91, 101, 106,
 115, 128, 139, 140, 147, 154, 163

Major-System siehe Mastersystem
Masterbegriffe siehe Mastersystem
Mastersystem 71, 80, 109, 113, 115,
 128, 139, 142, 147, 154, 160, 163,
 199
Merkhilfen 24, 74, 199
Merkmethoden 13, 60, 112, 115, 145,
 164

Merksätze 24, 91, 145
Mind Map 8, 180
Mitarbeitergespräch 12, 40
Mnemosyne 24
Mnemotechnik 23, 28
Monatsbilder 109, 204
Motivation 178, 188
Multitasking 174
Musikinstrument 187

Nachnamen 57, 132
Namen und Gesichter merken 54,
    119, 131, 135, 147, 160, 163
Nervenzellen (Neuronen) 15, 16, 17
Neurobics 186
Noradrenalin 168

Pareto-Prinzip 170
Paris, Aimé 73
Pausen 178
Plastizität 14
Pöppel, Ernst 184

Raugh, Michael R. 96
Raumrouten 47
Rede siehe Vorträge
Routenpunkte 39, 43, 44, 50, 128,
    130, 157

Sauerstoff 179, 182
Schlaf 167, 178
Schlüsselwort 97, 152
−, -Methode 96, 133, 152
Schreiben 166, 185
Selbstbewusstsein 168, 188
Sensorischer Speicher 18
Sinneseindrücke 33, 187
Smalltalk 140, 142, 146
Sonderzeichen 112, 114, 205
Spickzettel 41, 85, 101
Spielen 184
Spitzer, Manfred 185

Sport 168, 185
Stichpunkte 40, 102, 107, 128, 147,
    157, 163
Stress 167, 176
Symbole 181

Tagebuch 185
Tagungsablauf 115
Tanzen 186
Telefonnummer 12, 21, 65, 87
Termine 10, 92, 109, 116, 118, 164, 169,
    172, 207

Veranstaltungsüberblick 125
Vergessen 18, 25
Verkaufsargumente 48
Verkaufsgespräch 106
Verknüpfen 27, 41, 47, 57, 87, 91, 96,
    98, 116, 125, 129, 131, 132, 135, 138,
    142, 144, 157, 160
Visualisierung 40, 66
Vokabeln lernen 95, 152
Vornamen 62
Vorstellungsgespräch 41
Vorträge 10, 12, 24, 53, 101, 116, 163,
    181

Wahrnehmung 18, 188
Wertpapierkennnummer 88
Wiederholungen 21, 23, 44, 96, 146
Winckelmann, Johann Justus 73
Wissen 22, 87, 107, 140, 146, 176, 180,
    189
Wochentagsbilder 125, 127, 206

Ziffern-Buchstaben-Code 91
Ziffern-Form-Bild 66, 112, 139, 198
Ziffern-Klang-Bild 68
Ziffern-Konsonanten-Zuordnung
    74, 199
Ziffern-Symbol-Bild 68, 154